引水库的洁净水，在园内栽培各种有机生产作物

该示范园区内，四周有防护林及棚架作物与外界隔离，防止污染

该示范园内大规模种植马铃薯

1

有机园内大规模种植供
外贸出口的黄皮洋葱

有机菠菜的栽培

有机园内为防治病虫害，实
行水旱轮作，图示水稻栽培

连栋大棚内无公
害蔬菜的栽培

现代智能温室外观

智能温室内温
光调控设施

智能温室内甜
瓜棚架栽培

有机洋葱的产
品及包装箱

引进国外品
种——菊苣

近年从国外引进
的各种南瓜品种

4

引进国外品种
——人参果

引进国外品种——
米塔邦仙人掌(食
用仙人掌)

引进国外品种——
红叶甜菜(牛皮菜，
叶用甜菜)

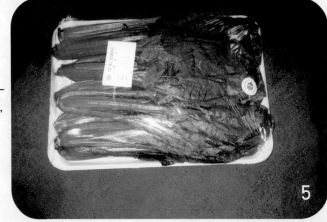

5

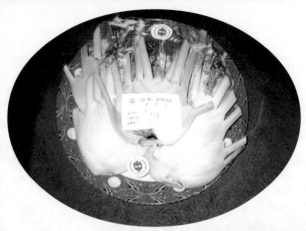

引进国外品种——球茎茴香

引进的伊丽莎白甜瓜

外贸出口蔬菜——牛蒡

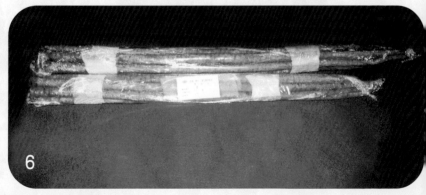

彩色甜椒

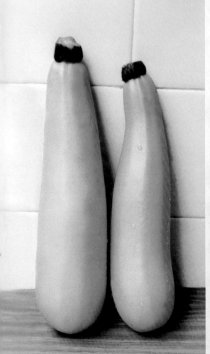

西葫芦(美洲南瓜)

几个苦瓜品种

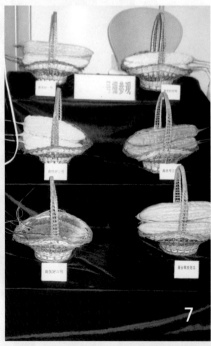

台湾东升南瓜栽培状况

露地有机
西瓜栽培

温室甜瓜栽培

环保型商品蔬菜生产技术

编著者

吴志行　侯喜林

金盾出版社

内 容 提 要

本书由南京农业大学园艺学院吴志行教授等编著。内容包括:环保型蔬菜的定义及类型,蔬菜污染物质的种类及对策,我国商品蔬菜产销现状及对策,环保型蔬菜基地的选择与建设,环保型蔬菜生产环境质量指标、使用农药标准、肥料使用标准、内在质量标准、外在质量标准以及环保型蔬菜生产中病虫草害综合防治措施。文字通俗易懂,内容全面系统,科学性、实用性、可操作性强。适合广大农民、蔬菜专业户、基层农业科技人员和农业院校有关专业师生阅读。

图书在版编目(CIP)数据

环保型商品蔬菜生产技术/吴志行,侯喜林编著. —北京:金盾出版社,2004.2
ISBN 978-7-5082-2804-4

Ⅰ. 环… Ⅱ. ①吴…②侯… Ⅲ. 蔬菜园艺-无污染技术
Ⅳ. S63

中国版本图书馆 CIP 数据核字(2003)第 123381 号

金盾出版社出版、总发行

北京太平路 5 号(地铁万寿路站往南)
邮政编码:100036 电话:68214039 83219215
传真:68276683 网址:www.jdcbs.cn
彩色印刷:北京百花彩印有限公司
黑白印刷:北京金星剑印刷有限公司
装订:桃园装订厂
各地新华书店经销
开本:787×1092 1/32 印张:10.625 彩页:8 字数:232 千字
2010 年 1 月第 1 版第 5 次印刷
印数:36001—47000 册 定价:16.00 元

前　言

我国自从农业结构调整以来，由于蔬菜生产与其他农产品相比较，其经济效益较好，全国各地蔬菜生产的面积连年上升，现在我国的蔬菜产大于销。蔬菜是不耐贮藏运输的，我国多数蔬菜地产地销，生产过剩，必然会造成损失。据统计，蔬菜如按人口平均占有量计算，则我国蔬菜人均占有量比世界各国人均占有量多三倍左右，所以，我国蔬菜生产的根本出路在于发展外贸蔬菜。

虽然我国蔬菜的产量、品质和价格有许多优势，但出口蔬菜至各国海关都有绿色屏障的保护。目前我国蔬菜生产中使用农药、化肥、激素较多，产品的安全卫生难以达到国际贸易的标准。国内生产的蔬菜品种，也不能满足国外消费者的需求。要发展蔬菜生产的产业，必须营造良好的生态环境，保护人民的安全健康，从持续发展的观点看，蔬菜生产必须向外向型和环保型发展。

笔者从事高等学校蔬菜的教学、科研与生产近50年。近年来一直在蔬菜基地上从事有机食品、绿色食品及无公害食品环保型蔬菜生产的研究，积累了一定的资料和经验。但我国环保型蔬菜生产的起步较晚，目前对环保型蔬菜的产供销的体系还不够完善，相互之间配合不够，许多规章制度、标准、规定、规程、检验、检测、认证、颁证等尚未十分完善。生产技术上也存在着许多薄弱的环节和实际困难，均需研究、充实、提高。有鉴于此，笔者将近年来工作所得，编撰此书，通过抛砖引玉，盼能与读者一起,不断丰富、完善,发展我国环保型蔬菜产业,使我国的蔬菜早日占领国际市场。

编著者

2003 年 12 月

目　录

第一章　环保型蔬菜的定义及类型

一、环保型蔬菜的定义

　　环保型蔬菜即通常所说的生态蔬菜、无污染蔬菜、卫生蔬菜、安全蔬菜、营养蔬菜等。广义上讲,环保型蔬菜应该是集安全、卫生、优质、营养于一体。环保型蔬菜在产销中不能受环境的污染,也不污染生态环境,在产销的过程中能保持生态平衡,能保持或发展优良的生态环境,并使蔬菜生产获得持续发展的可能。这里所说的"安全",主要是指所产的蔬菜不含有对人体有害、有毒的物质,如生产时不用人工合成的农药、化肥、激素,或使用的农药、化肥、激素的药品名称、数量、时期均在有关标准的规定范围以内。这里所说的"卫生"是指不使用尚未充分腐熟的人、畜粪尿,产品中不带有危害人、畜的各种病原菌、寄生虫等。"优质"是指蔬菜的商品性状质量良好,如产品发育正常,成熟度、形状、色泽、质地、口味俱佳,产品新鲜,无病损伤或以净菜上市等。"营养"是指蔬菜中应含的膳食纤维、维生素、蛋白质、水分和各种矿物元素,许多茄果类蔬菜、香辛蔬菜、薯芋类等蔬菜还应重视其茄红素、辣椒素、香辛味及淀粉含量等特殊营养成分的含量。狭义上讲,环保型蔬菜都不应受到有害、有毒物质的污染,若受到一定的污染,其产品中的残留量也应控制在允许的标准之内。

　　凡是环保型的蔬菜都应具有环保、安全、卫生、优质、营养的特性。但环保型蔬菜生产由于产前、产中、产后所取的生态条件、操作规程、或采收、运输、加工、包装、贮藏的要求或标准不同,在环保型蔬菜中大致可以分为三类,即无公害蔬菜、绿色蔬菜及有机蔬菜三类。在三类中以无公害蔬菜对质量要求的标准较低,目前较易普及,绿色蔬菜对质量要求其次,有机蔬菜对质量要求最高,目前还难以大面积推广,但这是环保型蔬菜发展的方向,今后应逐步向这方面过渡。

二、环保型蔬菜生产的类型

(一)无公害蔬菜

无公害蔬菜也称无毒害蔬菜(Innocuous vegetable)或无污染蔬菜(No-pollution vegetble),无公害蔬菜是属于无公害作物之一,也称为安全作物(Self crop)或安全蔬菜(Self vegetable)。无公害蔬菜生产的目标有两个:一是生产无公害蔬菜,以满足群众日益增长的需要,在实现良好经济效益的同时,确保消费者身体健康不受损害。二是把生产与环境保护结合起来,在生产过程中综合应用各种无公害栽培技术措施,确保农业生产系统少受农药、化肥、激素等化学合成物质的破坏。当前无公害蔬菜面广量大,在蔬菜生产区域应兼顾改善生态条件和提高经济效益两方面的利益。所以,无公害蔬菜的生产标准是严格禁止已经公布不准使用的剧毒农药,同时又允许限量、限时、限浓度使用一些农药、化肥、激素,这些药物虽有一定毒性,但使用后经检测在蔬菜上的残留量应限定在一定阈值以内。

无公害蔬菜是配合农业部无公害食品行动计划而制订的配套系列标准,这些标准有农产品质量安全标准体系、农产品质量安全监督检测体系、农产品质量安全认证体系、农业技术推广体系、农产品质量安全执法体系及农产品质量安全信息体系等六大体系。在品质标准中既要考虑传统的商品标准，又要考虑到防止高残、高毒农药的污染。在检测的标准中既要有感官的方法，做到简便易行，强调可操作性，又要有严格的定义和量化标准。在这六大标准中首先应注意选择产地环境；其次应注意生产过程，在农业技术推广体系中力争在蔬菜生产地上提高品质，防止污染，从源头上抓起，达到营养、安全、卫生的指标；第三，还应防止产品在包装、贮藏、加工、运输过程中的二次污染或产品变质。无公害蔬菜进入市场前还应按农产品安全标准，经检测、认证后才能进入市场销售。无公害蔬菜的产品标准、环境标准和生产资料使用标准，均为强制性的国家标准。生产操作规程为推荐性的行业标准，由各省市地方制订。强制性的标准如《GB 18406,1—2001 农药最大残留限量》等。行业标准如《无公害农产品(食品)　江苏省地方标准》(江苏省农林厅 1999 年 12 月 10 日编印)、《宁波市无公害蔬菜通用生产技术规程》(宁波市蔬菜副食品办公室，《长江蔬菜》2001 年第 10 期)、《重庆市无公害蔬菜栽培、肥料、农药使用技术规程》(重庆市农业局蔬菜处，《长江蔬菜》2001 年第 10 期)、《南京市夏季小青菜无公害生产操作规程》(《长江蔬菜》2001 年第 5 期李丽)、《NY 5001—2001 无公害食品韭菜》、《NY 5002—2001 无公害食品韭菜生产技术规程》、《NY 5003—2001 无公害食品白菜类蔬菜》、《NY 5004—2001 无公害食品大白菜生产技术规程》、《NY 5005—2001 无公害食品茄果类蔬菜》、《NY 5006—2001 无公害食品番茄露地生产技术规程》、《NY 5007—2001 无公害食品番茄保护地生产技术规程》、《NY 5008—2001 无公害食品甘蓝类蔬菜》、《NY

5009—2001 无公害食品结球甘蓝生产技术规程》、《NY 50010—2001 无公害食品蔬菜产地环境条件》(上述 NY 5001 至 NY 50010 各项规程均由农业部提出,请各有关单位起草,发表在《无公害蔬菜生产技术》等书刊上)。总之,无公害蔬菜从产地环境、生产过程直至到消费者手里,各种各样的规程、标准很多,其目的只是为了提高产品的质量和防止产品的污染。无公害蔬菜应与其他农产品一样,都应服从《无公害农产品管理办法》(详见附录)。

(二)绿色蔬菜(绿色食品)

绿色食品(Green food)这个名词从英文直译得来,其意义并非指"绿颜色"的食品,而是对"无污染"食品的一种形象表述。由于环境保护有关的事物都冠以绿色,为了更加突出这类食品出自良好的生态环境,因此,定名为绿色食品。在蔬菜上称为绿色蔬菜,绿色蔬菜是指无污染的、安全的、优质的、营养类蔬菜的总称。"安全"主要是指蔬菜内不含对人体有毒、有害物质,或将其控制在安全标准以下,对人体健康不产生任何危害。"优质"主要指蔬菜的商品质量,即蔬菜个体整齐、均匀、发育正常、成熟良好、质地及口味好、新鲜度高、不夹有病虫害及其他不符合商品规格要求的个体;在外观标准上符合销地市场的要求;一般不应带有非食用部分;包装、洁净上市。"营养"主要指蔬菜的内含品质,如产品内含糖、蛋白质、维生素、矿物盐等营养物质及风味较好,营养性的好坏主要与蔬菜的种类、品种的品质优劣有关,其次,也与栽培地区的气候、土壤、施肥、采收时间等栽培管理技术有一定关系。

开发绿色食品的意义在于保护环境、保持资源与发展经济协同进行,使蔬菜生产走持续发展的道路。为了保证绿色食品的产品无污染、安全、优质、营养的特性,开发绿色食品有一套较为完整的质量标准体系。绿色食品的标准包括产地环境质量标准、生产技术标准、产品质量和卫生标准、包装标准、贮藏和运输标准及其他相关标准,它们构成了绿色蔬菜完整的质量控制标准体系。这些质量控制标准除执行我国已经公布的各项标准,如产品质量卫生指标中的重金属含量、禁用农药或限量指标硝酸盐、亚硝酸盐等规定以外,对尚未制定的标准可借用国际或发达国家有关的标准执行。

由于绿色蔬菜对产品的质量要求较高,在发展绿色蔬菜时必须具备一定的条件和办理一定的手续。

1. 形成绿色蔬菜产业必须具备的条件

第一,临近较高的文化及物质生活的城镇居民区,对蔬菜的卫生、安全、营养有一定要求,在经济上有一定承受能力。

第二,具有适于开发绿色蔬菜生产基地的环境条件、建立绿色蔬菜生产基地的基本条件,空气、土壤、水质没有受到城镇、工矿污染,有较大面积的连片土地,有劳力,并能达到统一规划、统一种植、统一运销的地域建立绿色蔬菜基地。

第三,有龙头企业,有资金,能建立起产供销一条龙的管理制度,绿色蔬菜不仅种植要严格,它的产前、产中、产后都要按标准进行操作。产前建立无污染的生产基地、产中按绿色蔬菜规程进行生产,产后的加工、包装、贮藏、运输都应按标准进行操作,防止二次污染。为防止假冒伪劣,在销售时必须具有绿色食品标志。

2. 绿色蔬菜标志的申请及管理

此工作由农业部主持,有在国家工商行政管理局商标局正式注册的质量证明商标。绿色食品标志的管理手段包括技术手段和法律手段。技术手段是按照绿色食品标准体系对绿色食品的产地环境、生产过程及质量认证,只有符合绿色食品标准的企业和产品,才能使用绿色食品标志的商标。绿色食品标志作为特定的产品质量证明商标,其商标专用权受《中华人民共和国商标法》保护(见彩页)。

绿色食品标志图形由三部分构成,上方是太阳、下方是叶片和蓓蕾。标志图形为正圆形,意为保护、安全。整个图形描绘了一幅明媚阳光照耀下的和谐生机,告诉人们绿色食品是出自纯净、良好生态环境的安全、无污染食品,能给人们带来蓬勃的生命力。绿色食品标志还提醒人们要保护环境和防止污染,通过改善人与环境的关系,创造自然界新的和谐。

绿色食品的开发管理体系由四个基本部分组成:即严密的质量标准体系,全程质量控制措施,网络化的组织系统及规范化的管理方式。

(1)严密的质量标准体系　绿色食品产地环境质量标准、生产技术标准、产品标准、产品包装标准和贮藏、运输标准构成了绿色食品完整的质量标准体系。

(2)全程质量控制措施　绿色食品生产实施从"土地到餐桌"全程质量控制,以保证产品的整体质量。

(3)科学、规范的管理手段　中国绿色食品实行统一、规范的标志管理,即通过对合乎特定标准的产品发放特定的标志,用以证明产品特定身份以示与一般同类产品的区别。

(4)高效的组织网络系统　为了将分散的农户和企业组织发动起来,进入绿色食品的管理和开发序列,中国绿色食品发展中心构建了三个组织管理系统,并形成了高效的网络。一是在全国各地成立了绿色食品委托管理机构,系统地承担绿色食品宣传、发动、指导、管理服务工作。二是委托全国各地有省级计量认证资格的环境监测机构负责绿色食品产地环境监测与评价。三是委托区域性的食品质量监测机构负责绿色食品产品质量监测。绿色食品组织网络建设采取委托授权的方式，并使管理系统与监测系统分离，这样不仅保证了绿色食品监督工作的公正性，而且也增加了整个绿色食品的开发管理体系的科学性。

(三)有机蔬菜(有机食品)

有机食品(Organic Food)的名词是由英文直译过来，在蔬菜上称为有机蔬菜(Organic Vegetable)。有机食品虽然不如绿色食品那样形象直观，但在国际上已普遍接受 Organic Food 的叫法。有机食品有时也称为生态食品或生物食品，这里所说的"有机"不是一个化学的概念。有机食品是指来自有机农业生态体系。我国国家环境保护总局有机食品发展中心(Organic Food Development Center 简称OFDC)为推动我国农村环境保护事业的发展和农业清洁生产，减少和防止农药、化肥等农用化学物质和农业废弃物的环境污染，促进社会、经济和环境的持续发展，保证有机生产和加工的质量，向社会提供源于自然、高质量、无污染的环保型安全产品，加快我国有机产业的发展，满足国内外市场的需求，根据国际有机农业运动联合会(简称IFOAM)有机生产和加工的基本标准，参照欧盟有机农业生产规定(EEC NO.2092/91)以及德国、瑞典、英国、美国、澳大利亚和新西兰等国有机农业协会和组织的标准和规定，结合我国农业生产和食品行业的有关标准，制定了《有机认证标准》。该标准是对有机生产、加工和贸易的基本要求、申请OFDC有机认证者需与OFDC签订协议，保证执行本标准，并接受OFDC检查员的认证检查。OFDC颁证委员会根据审查检查员报告的情况，给符合标准的农场、加工厂和贸易单位颁发有机认证证书,并授权他们在有机产品上使用OFDC有机认证标志。

有机食品是一种完全不用人工合成的化学肥料、农药、激素、畜禽饲料添加剂及转基因品种等,其核心是建立和恢复农业生产系统生物多样性和良性循环,以维持农业的可持续发展。在有机农业生产体系中的作物秸秆、畜禽粪肥、豆科作物、绿肥和有机废物为土壤肥力的主要来源,以作物轮作和各种物理、生物、生态措施来控制病虫草害为主要手段。从常规农业向有机农业转化需要有一个转换过程,一般转换期需要三年左右,转换期内按有机农业的标准进行生产,三年转换期内所产的产品称为有机转换产品,经OFDC检验合格后,发给有机转换产品的证书及标志。三年后在生产环境、生产过程和生产的产品经检测合格后才能取得正式的有机食品证书,并同意使用有机食品的标志。

由于有机食品需要有一定的规模才能生产,对产地环境条件要求严格,生产时不能使用人工合成的化肥、农药、激素及转基因的品种,特别是当前还缺少符合有机生产的化肥、农药等农用物资,缺乏一定的技术力量及资金的支持,生产难度较大,产品的质量标准及卫生标准要求较高,在三年转化期间产品的价格与一般产品相仿,这就影响了有机食品的发展。所以,目前我国只有少数地方、少数产品获得有机认证,在环保型蔬菜生产中只占极少的比例。但有机食品生产的标准是与国际标准接轨,产品能符合大多数国家消费的需要。随着我国蔬菜业的发展,蔬菜的外贸出口所占比例越来越大,发展有机食品是克服国际贸易中绿色壁垒的主要手段。因此,无论当前有多大的困难,都必须持之以恒,坚定不移地走发展有机食品的道路。《OFDC有机认证标准》详见附录。

第二章 蔬菜污染物质的种类及其基本对策

我国蔬菜目前已自给有余,国内的商品蔬菜竞争激烈,今后蔬菜生产的任务必须瞄准国际市场的需求组织生产,提高蔬菜的产品质量。而近年蔬菜在国际贸易中的主要障碍是绿色壁垒,为使蔬菜顺利地走出国门,必须提高蔬菜档次,增加贸易国需求的蔬菜品种。无论从国内蔬菜走持续发展的道路,还是从克服国际贸易中绿色壁垒出发,都必须发展环保型商品蔬菜生产,生产安全、卫生蔬菜。为此,对污染蔬菜物质的种类及其基本对策,做一必要的介绍。

一、蔬菜污染物质的种类

蔬菜的主要污染物质来自工业"三废"(即废气、废水、废渣)、城市垃圾、地膜、氮素化肥、农药以及运销过程中污染蔬菜的有害或有毒物质。从其污染的源头划分,可以分为环境污染(大气、水质、土壤)和产销过程中的污染两种。现将污染物质按空气污染、水质污染、土壤污染、农药污染及其他污染分别介绍如下。

(一)空气污染

通过空气污染的有害、有毒物质已知的有不下百余种,其中以工业废气中排出的有毒气体种类多、数量大,污染严重,特别是分布在工矿、城郊附近的菜地受害最为严重。空气污染物质中又可分为气体污染和气溶胶污染两种。气体污染中可以划分为氧化性气体的危害、还原性气体的危害、酸性气体的危害、碱性气体的危害、乙烯气体的危害、塑料制品中有毒气体的危害。此外,对空气中粉尘和飘尘的危害,也将分别介绍如下。

1. 氧化性危害的气体

氧化性危害的气体如臭氧(O_3)、过氧乙酰硝酸酯类($CH_3CO_3NO_2)_2$、二氧化氮(NO_2)及氯(Cl_2)等。

(1)臭氧的危害症状 臭氧危害植物栅状组织细胞,开始时叶绿粒集中在细胞中部或两端,接着就破坏细胞壁,有时叶绿粒变成酱状物,被破坏的细胞成为红棕色。臭氧使菜豆叶面围绕叶脉产生黑色斑点。

(2)过氧乙酰硝酸酯类的危害症状 过氧乙酰硝酸酯类(PAN)对许多植物有害,尤其对植物幼苗与幼叶危害更重。当气温达到32℃以上时,基部叶子变成褐色、银白色及水浸状等症状,这种危害是使其下表皮组织内的海绵组织细胞溶化,细胞质变成暗棕色。

浓度为 $0.8×10^{-6}$ 的过氧乙酸硝酸酯类对菜豆,经 30 分钟危害严重,$0.5×10^{-6}$ 经 1 小时或 $0.1×10^{-6}$ 经 5 小时,对菜豆及番茄均危害严重,受害者其叶子下部似青铜色,但叶表几乎没有什么变化。

(3)二氧化氮的危害症状 二氧化氮危害植物产生不规则的白斑,或于叶脉间、叶缘产生棕色的坏死组织。

$2.5×10^{-6}$ 的二氧化氮,番茄叶子经 4 小时即产生危害,$3×10^{-6}$ 的二氧化氮,菜豆经 4~8 小时即受害。

$25×10^{-6}$ 的二氧化氮使大多数蔬菜均受其害。二氧化氮 $0.5×10^{-6}$ 或更低的浓度,蔬菜生长受抑制。

2. 还原性危害的气体

还原性危害的气体很多,如二氧化硫(SO_2)、硫化氢(H_2S)、甲醛($HCHO$)、一氧化碳(CO)等。其中以二氧化硫对农业危害最广泛。

二氧化硫主要是由燃烧含硫的煤、石油和焦油产生。二氧化硫一般年平均浓度为$(0.01\sim0.08)\times10^{-6}$时即对蔬菜产生伤害。受害主要部位是叶片,二氧化硫随着空气进入叶肉,达到一定数量后叶片会失去膨压,出现暗绿色水渍状斑点,失去原有光泽,叶面微微有水渗出,叶面微微起皱等初期症状。阔叶植物二氧化硫危害的急性症状是叶脉间出现不规则形的坏死斑,坏死斑向中心或下部扩展。叶脉的抗性较强,当伤害严重时,叶脉也随着逐渐坏死。花的抗性比较强。

在蔬菜作物中对二氧化硫敏感的有蚕豆、大豆、白菜、辣椒、菠菜、南瓜、胡萝卜。抗性中等的有菜豆、黄瓜、茄子、番茄,抗性强的有洋葱、芹菜、马铃薯等。出现受害症状,食用这些含硫量很高的叶片也会对人体产生危害。

3. 酸性危害的气体

酸性危害的气体有氟化氢(HF)、氯化氢(HCl)、氰化氢(HCN)、三氧化硫(SO_3)、四氟化硅(SiF_4)等。

(1)氟化物的危害 氟化氢主要来源于使用含氟原料的化工厂、冶金厂、磷肥厂和炼铝厂等工厂排放出的氟废气,其中氟化合物包括氟化氢、硅氟硫及含氟粉尘等,以氟化氢的毒性最强。只要0.1×10^{-12}就能对一些植物产生毒害。氟化物危害植物的典型症状,是在叶片先端和叶缘部分出现伤斑。这是因为氟化物进入植物叶片后随蒸腾流移到叶尖或叶缘,因而叶尖和叶缘氟化物含量较高。

对氟敏感的作物有玉米,抗性中等的有西瓜、大豆等,抗性强的有丝瓜、番茄、白菜等。蔬菜受污染后，氟含量急剧增加，长期食用轻则造成斑釉齿，重则导致慢性氟中毒，形成氟骨症。

（2）氯的危害 氯是一种黄绿色有毒的气体。氯的主要来源是食盐电解工业，以及制造农药、漂白粉、消毒剂、塑料和合成纤维等工厂排放的废气。氯的危害浓度比氟化氢高，比二氧化硫低，番茄对氯的反应是 0.31×10^{-6} 无害，0.61×10^{-6} 轻度危害，1.38×10^{-6} 危害严重。豆类及萝卜 0.1×10^{-6} 经 2 小时即受害。

氯进入植物叶片后，对叶肉细胞有很强的杀伤力，能很快地破坏叶绿素，使叶片产生褪色伤斑，严重时会全叶漂白、枯卷，甚至脱落。氯气引起急性危害的症状与二氧化硫症状比较相似，受害伤斑主要分布于叶脉间，成不规则的点状或块状。受害组织与健康组织之间没有明显的界线。但同一片叶子上常常相间分布着不同程度受害伤斑或失绿黄化，有时呈现一片模糊，这是与二氧化硫危害症状的主要区别之处。氟的气体危害伤斑多半出现在叶尖，区别就更为明显。

对氯敏感的蔬菜作物有大白菜、青菜、菠菜、韭菜、葱、番茄、菜豆，抗性中等的有西瓜、茄子、辣椒、马铃薯，抗性强的有甘蓝、豇豆、慈姑、茭白等。

4. 碱性危害的气体

碱性危害的气体主要有氨（NH_3）等。氨是一种剧臭而有刺激性气味的气体，无色，比空气轻。10×10^{-6} 以下的浓度很少危害，熏气试验 16.6×10^{-6} 的氨熏 4 小时，植物叶片只产生轻微危害，40×10^{-6} 的氨处理 1 小时，番茄等作物叶片就产生伤害。

在蔬菜生产过程中出现氨的危害主要是有机肥没有腐

熟,即未经发酵就直接施入正在生长的作物中,在发酵腐熟过程中产生大量的氨。塑料大棚蔬菜栽培中,施用过量的尿素或氨水,没有及时用土壤覆盖,在强光高温条件下,分解逸出的氨超过 40×10^{-6} 以上,可以在几小时内使黄瓜等蔬菜作物全株死亡。

高浓度的氨会使植物产生急性伤害,叶肉组织崩坏,叶绿素解体,叶脉间出现点、块状褐色伤斑,伤斑与正常组织间多数界线分明。受害严重时叶片下垂直至全株死亡。蔬菜作物对氨危害敏感的有黄瓜,抗性中等的有番茄。

氨是碱性气体,如果与 SO_2 等酸性气体混在一起,就会发生中和作用,使两者对植物的毒害大为减轻。

5. 乙　烯

乙烯(C_2H_4)是有机类毒气。乙烯能使叶柄上边生长比下边快,使叶片下垂,称为偏上反应,这是乙烯危害的一种特殊反应。乙炔、丙烯也能引起植物的偏上反应,不过所需的浓度较乙烯大。番茄、豌豆、马铃薯等蔬菜受乙烯作用都会产生偏上反应。$(0.1 \sim 3) \times 10^{-6}$ 浓度的乙烯就会使茄果类蔬菜产生落蕾、落花、落幼果。即使浓度低到 25×10^{-12},作用时间长了,也会抑制黄瓜、番茄等作物的生长,顶端优势消失,叶片下垂、皱缩、失绿而转黄脱落。花、果等结实器官发生畸形、脱落(表2-1)。

对乙烯敏感的蔬菜作物有茄子、辣椒、番茄,抗性中等的有豌豆、蚕豆、豇豆、扁豆、菜豆、大豆、黄瓜、南瓜、丝瓜、西瓜,抗性强的有白菜、莴苣、萝卜、洋葱、大葱等。

6. 粉尘和飘尘

空气污染除气体外,还有大量的固体或液体的微细颗粒成分,统称粉尘,它们形成胶体状悬浮在空气中亦称气溶胶。

表 2-1 危害蔬菜的气体来源、危害症状、部位、浓度及其抗性程度

气体种类	症 状	受害叶龄	受害叶部位	浓度(×10⁻⁶)	时间(小时)		敏感的蔬菜	有抗性的蔬菜	抗性强的蔬菜
					持续时间	参考时间*			
臭氧(O₃)	斑点、条纹、白斑,变色、生长被抑制,早期落叶,叶尖变褐色,环死	老叶,逐渐蔓延到幼叶	栅状组织	0.03	4	7	全部蔬菜均属敏感		
过氧乙酰硝酸酯(CH₃CO₃NO)	基部叶片变褐色或银白色	幼叶	海绵组织	0.01	6	13	全部蔬菜均属敏感		
二氧化氮(NO₂)	叶脉间或叶缘形成不规则的褐色或白色坏斑	中部叶子	叶肉细胞	2.5	4	15	莴苣、芹菜、番茄		石刁柏
二氧化硫(SO₂)	叶脉间有白斑,叶缘发白失绿,生长受抑制,早期脱落减产	中部叶子	叶肉	0.3	8	24	莴苣、豌豆、萝卜、波菜、甘蓝、番茄、茄子	黄瓜、菜豆	洋葱、氮甜瓜、瓜、芹菜、马铃薯

续表 2-1

气体种类	症　状	受害叶龄	受害叶部位	浓度(×10⁻⁶)	时间(小时)		敏感的蔬菜	有抗性的蔬菜	抗性强的蔬菜
					持续时间(星期)	参考时间*(星期)			
氟化氢(HF)	叶尖和叶缘发干、失绿、植株矮化、落叶、低产	成熟叶子	表皮与叶肉	0.10×10^{-12}	5	2	全部蔬菜敏感	西瓜、大豆	丝瓜、番茄、菜
氯(Cl₂)	叶脉间发白、叶尖、叶缘发干、落叶	成熟叶子	表皮与叶肉	0.10	2	34	十字花科蔬菜	西瓜、茄子、辣椒、马铃薯	甘蓝、豆、菇、蕹白
乙烯(C₂H₄)	花瓣凋萎、叶子变形、落花或开花不正常、叶身下垂、弯曲、叶子开始时发黄色渐变白而死亡	花、中部叶子	叶肉、花	0.05	6	35	番茄、辣椒、茄子	胡萝卜、南瓜、西瓜、菜豆、黄瓜	甘蓝、葫芦、西洋葱、芹菜
氨(NH₃)	叶片呈水浸状萎蔫、逐渐干枯	老叶、中部叶子、幼叶	叶肉细胞	5	2～4	15	黄瓜	番茄	甘蓝、洋葱

* 参考时间指某些作物在某些条件下，发病时间可能提早或延迟

煤烟粉尘是空气中粉尘的主要成分,工矿企业密集的烟囱是煤烟粉尘的主要来源。烟尘是由炭黑颗粒、煤粒和飞灰组成的,是我国危害农业生产最重要的空气粉尘。被烟尘危害的蔬菜,主要是各大工厂企业四周菜地上的植株被烟尘沉降在叶片上污染植株,影响叶片光合作用而造成减产,特别是对大白菜、甘蓝等结球叶菜,烟尘夹在叶层内,无法清洗和食用。烟尘中的金属微粒如铅、镉、铬、锌、砷、汞、镍、锰等,多数能长时间飘浮在空气里,故称"飘尘"。飘尘的毒性大,直接或间接被植物吸收或污染土壤,对人类健康危害性很大。

(二)水质污染

由于工业排放大量未经处理的废水和废渣,农业大量施用化肥和农药,我国的江、河、湖及部分地区的地下水都受到不同程度的污染,有的地区污染相当严重。特别是在城市郊区,由于乡镇企业的发展以及城市污染较严重的工厂向郊区迁移,污染日趋严重,城郊菜田受害,蔬菜污染加剧。蔬菜是灌水量较多的作物,水体污染已成为菜地土壤及蔬菜污染的主要途径之一。水质污染对蔬菜的危害表现在两个方面,其一为直接危害,即污水中的酸、碱物质或油、沥青以及其他悬浮物及高温水等,均可对蔬菜组织造成灼伤或腐蚀,引起生长不良,产量下降,或者产品本身带毒不能食用。其二为间接危害,即污水中很多能溶于水的有毒有害物质被植物根系吸收进入体内,或者严重影响植物正常的生理代谢和生长发育,导致减产,或者使产品内毒物大量积累,通过食物链转移入人、畜体内,造成危害。水中污染物质对蔬菜危害较大、且分布较广的主要有酚类化合物、氰化物、苯和苯系物、醛类和有害致病性微生物等。

1. 酚类化合物

酚是石油化工、炼焦和煤气、冶金、化工、陶瓷、玻璃、塑料等工业废水中的主要有害物质。酚对生物有毒杀作用，可使细胞原生质中的蛋白质凝固。用高浓度含酚废水灌溉蔬菜，对植物有毒害作用，能抑制植物的光合作用和酶的活性，破坏植物生长素的形成，影响植物对水分的吸收，破坏了植物的正常生长发育，降低产量。蔬菜中酚的卫生标准尚未明确，但酚的含量高对人是不适宜的，有人认为它是一种助癌剂。

2. 氰化物

污染环境的氰化物，主要来源于炼焦、电镀、选矿、金属冶炼、化肥等一些工厂生产过程中排放出含氰工业污水，由于水体受到污染，从而威胁到农业用水。氰及其化合物对生物的毒性主要是由于它能释放出游离氰，形成氢氰酸，这是一种活性很强、有剧毒的污染物。在低剂量情况下，氰化物对蔬菜的生长、发育及品质不易产生危害，甚至还有刺激生长或提高品质的作用，但由于氰是剧毒物，易挥发，对动物的杀伤力大，所以，必须考虑它在农业环境中对人、畜及水产类的安全。

用含氰污水灌溉蔬菜后，蔬菜可食部分含氰量升高。蔬菜氰残留量的多少与蔬菜的类型、品种、生长期长短、栽培季节及植株部位等因素有关，特别是容易受环境条件的影响，一般在低温条件下比高温条件下易于受害。因高温条件下植物生长迅速，代谢作用旺盛，对氰的同化速度较快，土壤微生物活动力增强，蔬菜对氰的净化力较强，氰在蔬菜体内的残留期较短，一般在 24～48 小时内可解除其污染而造成的积累。

3. 苯和苯系物

环境污染中苯及苯系物主要来源于化工、合成纤维、塑料、橡胶，特别是炼焦和石油工业排放的废水。苯不溶于水，但能随水移动,污染地下水和灌溉用的水源,被苯污染的饮用水和蔬菜常含有异味。用含苯水灌溉后,随着水中苯浓度的增加,蔬菜产品内含苯量也有所增加。在低量时,对蔬菜生长也有一定的促进作用,但超过一定限度后,产品器官内芳烃类物质急剧增加,出现难吃的涩味,不宜食用。蔬菜及菜地土壤对苯类物质均有一定的代谢与降解能力,因而在植物体内及土壤中的残留并不太高,但考虑到对蔬菜品质的影响,对灌溉水中苯的浓度仍应有所限制。

4. 致病微生物的污染

在未处理的食品工业水、医院污水、生活污水和未腐熟的粪便水中,常常携带有大量的致病微生物,用这些污水灌溉蔬菜,如果采后及食前处理不当,蔬菜即成了病菌进入人体的中介物。

未处理的污水中常见的病原菌有沙门杆菌、志贺痢疾杆菌及肝炎病毒、肠病毒等。另外,还有大量的寄生性蛔虫卵及绦虫卵等。一般情况下,这些致病的微生物附着在蔬菜接触面上,但也不排除某些致病微生物,尤其是病毒类通过组织进入蔬菜内的可能性。已经发现某些城市的伤寒病流行季节似与某些蔬菜的上市高峰有关,特别是在食用城市污水与工业污水混合的污灌区所产蔬菜的市民,其发病率要高。在受污染的蔬菜中,根菜类蔬菜比果菜类蔬菜严重。

(三)土壤污染

土壤污染主要来自两个方面:一是工业上的"三废"造成环境污染,由环境污染再污染土壤。二是在栽培过程中过多施用化学农药、肥料、激素或施用氮肥过多,在产品中重金属元素及硝酸盐含量过高而引起毒害。

1. 重金属等有毒元素的污染

经对上海、沈阳等城郊菜地土壤调查结果认为，污染菜地的主要是镉、锌、铜、铬、铅、砷、汞等有毒元素。现将主要的有毒元素对蔬菜及人体的危害分述于后。

(1)镉污染　通常自然界中镉的含量很低，污染环境的镉主要来源于冶炼、金属开矿和使用镉为原料的电镀、电机、化工等工厂，这些工厂排放的"三废"都含有大量的镉。镉为人体非必需的元素，是毒性很强的金属，它在人体中积累，生物半衰期长达 16～33 年，能引起急性或慢性中毒。举世闻名的"骨痛病"(日本公害病)是由于镉在人体内积累而引起的。据研究，镉还有致癌和致畸的作用，已被列入世界八大公害之一。蔬菜的镉污染主要来自土壤，在未受污染的土壤中镉的含量多在 0.5 毫克/千克以下，很少超过 1.0 的标准，受到污染的土壤，镉的含量可达 100 毫克/千克以上，在这种情况下蔬菜中镉的含量比正常的要高出十几倍甚至几十倍。据楼根林等试验，小白菜具有最强的吸收镉的能力，其次为萝卜和莴苣，青椒较弱，豇豆最弱。同一蔬菜品种不同器官，对镉的富集程度也不同，从试验结果表明，根部吸收和富集镉的能力最强，而叶又大于茎。从食用器官的富集量比较，则小白菜＞萝卜＞莴苣＞青椒＞豇豆，在受镉污染区域，按上述规律选择适当的作物食用，可减轻镉对人类健康的威胁。

(2)砷污染　砷环境污染源主要是造纸、皮革、硫酸、化肥、冶炼和农药等工厂的废气及废水。砷在自然界中分布广泛，是动植物需要的微量元素，植物和土壤中都有一定的含量。砷化物的毒性很大，属于高毒物质，二氧化二砷的中毒量约为 0.01～0.025 克，致死量约为 0.06～0.2 克。砷的急性中毒表现为胃肠炎症状，慢性中毒为多发性神经炎，砷被认为是肺癌和皮肤癌的致病因素之一。如用含砷量较高的灌溉水浇灌菜地,则土壤中砷的积累明显增加,砷的积累速度随灌溉水中砷的浓度升高而加速。土壤受到砷污染后,由于砷能阻碍植物吸收水分和养分,产量明显下降。土壤受砷污染后,即使改用无污染的清水灌溉,蔬菜中砷的残留量仍然高于非污染区。由此可见,灌溉水中的砷对蔬菜中砷的含量增加速度大于对土壤砷的积累。不同种类的蔬菜对砷的吸收率不同,葱>菠菜>茄子>青椒>番茄>黄瓜。

(3)铬污染 铬及铬的化合物广泛用于电镀、金属加工、制革、涂染料、钢铁和化工等工业。制革工业排放的含铬废水,铬的含量可达 410 毫克/升,工业铬渣淋溶水可以污染河系及湖泊水体。铬已被认为是一种重要的环境污染物质。铬对蔬菜生长的毒害,只有在浓度较大时才出现症状,当土壤中铬达到 400 毫克/千克左右时才有毒害。铬能抑制作物的生长发育,铬可与植物体内细胞原生质的蛋白质结合,使细胞死亡;在微量的情况下,可置换作物体内酶蛋白质中的铁、锰等元素,使酶的活性受到抑制,阻碍呼吸作用,影响代谢过程。铬也被确认为是人的致癌物质。铬通常以 3 价和 6 价形式存在于自然界,在生物体中主要是 3 价铬,在水体中则以 6 价铬形态存在,6 价铬对生物和人体的毒性最大。铬是植物需要的元素,蔬菜中一般铬的含量在 0.1 毫克/千克以上。铬在土壤中一般含量为 2～50 毫克/千克,而受到污染的土壤,铬的含量可比正常情况下高出 100 倍以上。

(4)汞污染 污染环境的汞主要来自工业"三废"和含汞农药的施用。汞在工业上应用广泛,矿山开采、汞冶炼厂、化工、印染和涂料等工业都有大量含汞废物排出。有汞杀菌剂在我国已不再生产,也不进口,只有少量用于拌种,蔬菜上应用很少。所以,当前污染农业环境的汞,主要来源于工业上汞的流失和挥发。汞对人体的危害性很大。有机汞是一种蓄积性毒性,从人体内排泄比较缓慢,其生物半衰期为 70 天左右。汞可侵害神经系统,使手、足麻,严重时可痉挛致死,日本著名公害"水俣病"即由汞污染食品引起。

通常植物只含有极微量的汞,只有在较高浓度下,汞才对植物产生伤害。植物受汞毒害表现的症状是叶、花、茎变成棕色或黑色,可能由于汞化物经热解或催化还原形成金属汞蒸汽所造成。汞进入植物体内有两条途径:一条是土壤中的汞化物转变为甲基汞或金属汞为植物根吸收;另一条途径是经叶片吸收而进入植物体,在这种情况下,如浓度过大,叶片很易遭受伤害。进入植物体的汞,多以甲基汞和蛋白质中的硫基结合的形式运转到植物体内其他部分。不同蔬菜对汞的积累量不同,一般叶菜>根菜>果菜;同一类型不同作物之间也有差别,如青椒>茄子>黄瓜>番茄;同一植株不同部位也有差别,如根>茎,叶>果。在使用含汞废水和含汞污泥的汞污染区农田上,蔬菜富集汞的浓度有明显增高。

(5)铅污染 铅是当前最为广泛的蓄积性污染元素。铅的重要来源是汽车尾气,在运输繁忙的公路两侧,空气、土壤、植物、微生物、水等的含铅量都比远离公路处高。市区车流通量大于郊区。因此,越近市区,空气污染物的浓度也越高。根据测定证明,汽车尾气中 50% 的铅尘都飘落在距公路 30 米以内的土壤和农作物上。不同蔬菜作物对铅的吸收、转化和积累的特性不同,含铅量差异较大。据龚瑞忠等测定铅的含量青菜可达 0.68 毫克/千克,而青椒、黄瓜为 0.12 毫克/千克;同是叶菜类蔬菜,青菜的含铅量是甘蓝的 3 倍;同一蔬菜,不同部位含铅量的差异也大,如小萝卜根的含铅量为地上部分的

3.7倍。据测定植物生长的速度越快,其茎叶的含铅量越少,但土壤中却为后作物留下大量的铅化物。在人体摄入铅的总量中,以食物形式摄入占76%,其他如呼吸、皮上吸收只占24%。对照有关食品卫生标准,目前虽未发现郊区蔬菜大面积污染至危及健康的程度,但小范围的、某些种类的危害业已达到超卫生标准的程度。为此,控制铅污染的面积和产品,是郊区农业面临的重要任务(表2-2)。

2. 硝酸盐的污染

关于硝酸盐的污染,可参见第八章三的相关内容。

(四)农药污染

农药的种类很多,世界各国已经注册的农药品种已有1 500多种,其中常用的农药有300余种。农药可以根据其来源、防治对象及化合物的类型进行分类,见图2-1。

农药使用后残存于生物体、农副产品和环境中的微量农药原体、有毒代谢物、降解物和杂质,都称为农药残留。农药残留的数量通常以每千克样本中有多少毫克、多少微克或多少纳克表示。农药残留是施药后的必然现象,如果超过最大残留量,则对人、畜产生不良影响,或通过食物链对生态系统中的生物造成毒害,则称为农药残留毒性或简称为残毒。

目前影响蔬菜产品安全的农药主要为杀虫类农药,此类农药中又以有机磷类杀虫剂为主,而有机磷类的杀虫剂中尤以高毒、高残留的杀虫剂为最严重,即通常所说的三个70%最为严重:使用的农药中70%为杀虫剂;杀虫剂中70%为有机磷类杀虫剂;有机磷类杀虫剂中有70%为高毒、高残留的农药。现将目前影响安全生产最大的三类杀虫剂分述如下。

表 2-2 绿色食品蔬菜基地土壤有害元素质量标准 （毫克/千克）

污染物 土壤类型	汞 20cm	汞 40cm	镉 20cm	镉 40cm	铅 20cm	铅 40cm	砷 20cm	砷 40cm	铬 20cm	铬 40cm
绵土	0.0356	0.0876	0.1634	0.1870	22.42	38.62	14.38	14.38	88.58	75.70
塿土	0.1284	0.0256	0.2456	0.1520	32.88	30.30	16.76	15.68	78.64	71.32
黑垆土	0.0308	0.0314	0.1794	0.2232	25.70	24.32	16.90	15.28	74.20	74.62
黑土	0.0810	0.0792	0.1344	0.1340	42.46	39.28	17.18	20.14	77.42	83.58
白浆土	0.0690	0.1008	0.2360	0.1540	39.74	47.98	21.10	28.22	81.26	99.82
黑钙土	0.0582	0.0380	0.2626	0.2434	34.34	31.78	19.26	20.14	99.50	101.64
潮土	0.1512	0.0698	0.2326	0.2098	37.70	41.06	15.78	16.82	98.06	104.68
绿洲土	0.0512	0.0524	0.1826	0.1932	28.92	29.38	17.34	20.12	83.46	77.58
水稻土	0.5510	0.2078	0.3770	0.5250	66.64	50.16	22.38	20.20	127.28	125.60
砖红壤	0.0984	0.0704	0.2716	0.2346	63.14	77.78	17.18	27.64	233.36	256.44
赤红壤	0.1330	0.1722	0.1554	0.1462	83.76	105.64	36.36	62.90	107.30	133.68
红壤	0.1800	0.1866	0.1936	0.1862	54.66	66.12	39.34	35.78	150.44	124.80
黄壤	0.2136	0.2636	0.1854	0.1736	56.34	81.90	32.68	35.14	108.10	198.94

续表 2-2

土壤类型＼污染物	汞 20cm	汞 40cm	镉 20cm	镉 40cm	铅 20cm	铅 40cm	砷 20cm	砷 40cm	铬 20cm	铬 40cm
砖红土	0.0534	0.1110	0.4488	0.3348	76.02	94.48	51.94	32.34	110.18	97.80
黄棕壤	0.2138	0.1572	0.2812	0.1892	53.40	44.52	24.22	25.74	118.40	122.44
棕壤	0.1486	0.1766	0.2068	0.1948	44.98	46.10	23.50	24.40	131.20	141.30
褐土	0.1242	0.1140	0.2406	0.2342	35.08	40.90	20.28	20.70	98.38	111.46
灰褐土	0.0482	0.0438	0.2756	0.1628	25.20	26.56	16.76	20.54	88.02	98.74
暗棕壤	0.1088	0.1008	0.2236	0.2036	38.72	40.66	14.38	18.16	103.94	125.58
棕色针叶林土	0.1542	0.1222	0.2376	0.1028	34.86	34.82	13.34	35.90	80.58	84.64
灰色森林土	0.1828	0.2880	0.1506	0.0684	30.54	24.06	19.06	16.84	88.28	103.22
栗钙土	0.0778	0.0876	0.1859	0.2124	43.08	41.02	21.80	25.60	101.76	99.98
棕钙土	0.0340	0.0252	0.2876	0.2264	39.06	40.52	19.38	22.34	72.54	82.10
灰钙土	0.0294	0.0298	0.1498	0.1772	23.80	24.24	15.82	16.28	77.72	67.20
灰漠土	0.0222	0.0202	0.1826	0.1452	32.24	32.34	15.78	14.62	91.48	82.00
灰棕漠土	0.0504	0.0402	0.1952	0.1730	27.58	37.82	21.10	37.94	83.40	89.20

续表 2-2

土壤类型 \ 污染物 深度	汞 20cm	汞 40cm	镉 20cm	镉 40cm	铅 20cm	铅 40cm	砷 20cm	砷 40cm	铬 20cm	铬 40cm
棕漠土	0.0320	0.0398	0.1684	0.1588	26.76	27.22	17.06	16.10	80.22	74.08
草甸土	0.1188	0.0780	0.1758	0.1344	40.52	35.98	20.10	26.84	89.10	93.66
沼泽土	0.1244	0.0562	0.2128	0.2460	37.40	35.24	27.52	30.62	124.58	108.74
盐土	0.1426	0.1100	0.2478	0.2416	43.80	36.38	22.42	23.90	105.24	105.86
碱土	0.0640	0.0354	0.1764	0.1646	26.04	33.74	15.54	12.08	67.04	78.00
磷质石灰土	0.1116	0.0654	2.4544	1.5652	3.98	2.34	4.68	5.70	24.18	34.40
石灰(岩)土	0.5212	0.7420	5.5530	7.1566	82.78	60.32	75.20	105.48	255.96	285.42
紫色土	0.1436	0.1500	0.2270	0.2352	49.14	51.14	18.58	23.80	115.78	101.86
风沙土	0.0518	0.0258	0.0940	0.0920	23.58	23.68	8.10	8.56	51.26	54.54
黑垆土	0.0636	0.0660	0.1920	0.1696	58.36	46.76	31.46	32.44	123.46	133.56
草毡土	0.0456	0.0398	0.2220	0.1972	48.32	65.50	33.14	47.90	155.30	156.88
巴嘎土	0.0452	0.0646	0.3194	0.1680	38.50	52.22	42.82	38.68	141.22	159.98
莎嘎土	0.0370	0.0440	0.2194	0.2116	40.92	39.90	43.42	37.08	185.74	134.86
寒漠土	0.0304		0.1142		51.78		29.10		95.36	
高山漠土	0.0526	0.1492	0.2556	0.3528	40.40	51.68	28.92	39.70	2.56	111.32

本表摘自周新民、巩振辉主编《无公害蔬菜生产 200 题》第 8～9 页绿色食品土壤质量标准

· 25 ·

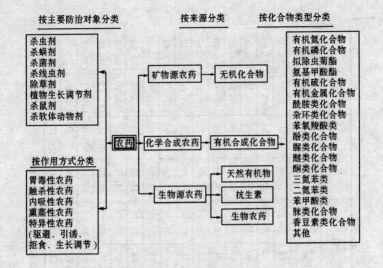

图 2-1 农药分类

（中国农业百科全书·农药卷）

1. 有机氯农药的污染

有机氯农药自上个世纪 40 年代开始使用，主要包括滴滴涕（DDT）和六六六（BHC）。

DDT 广泛用于灭虱和灭蚊，当时对控制由蚊、虱传染的斑疹伤寒和疟疾的传播起了重要作用。DDT 的发明者缪勒于 1948 年为此获得诺贝尔化学奖。但 DDT 不溶于水，在 190℃ 高温以下极少分解，在碱性溶液中也极稳定，能在自然界及生物体内长期滞留，并通过食物链富集，能在人体及动物体内，特别是脂肪组织内累积。可通过胚胎传给胎儿，通过母乳毒害婴儿，是一种典型的累积性残留。

六六六合成于 1825 年，1941 年开始使用。六六六是一种残留性很强的广谱性杀虫剂，在作物及环境中残留最高，摄入人体内可以转移到肝脏、脂肪、乳汁中，对人体产生不良影响。

上述两种杀虫药剂在 20 世纪 40～70 年代生产最多,使用最广,由于大量使用产生了一系列问题,1970 年前后许多国家已禁止使用,我国于 1983 年在全国停止生产和使用 DDT 及六六六。

目前国内使用较多的三氯杀螨醇是一种速效性强的有机氯杀螨剂,主要用于防治螨虫。此种药在绿色食品蔬菜生产中也已明令禁止使用。

2. 有机磷杀虫剂

有机磷杀虫剂是 20 世纪 30 年代由德国首先合成并发现其杀虫作用。目前在许多有机氯农药被禁用的情况下,有机磷杀虫剂已上升成为蔬菜栽培的主要杀虫剂和主要污染源。有机磷生产的吨位和品种在杀虫剂中已占首位。但有机磷农药中的剧毒杀虫剂如马拉硫磷、对硫磷、甲拌磷、甲胺磷、久效磷、氧化乐果等已在蔬菜生产中禁止使用。其中毒性较小的乐果、敌百虫、敌敌畏等尽管农药残留量较小,容易水解,残留期较短,但仍存在不同程度的残毒问题。因此,对这些毒性较小的杀虫药剂仍须按规定使用。

乐果是广谱性有机磷杀虫剂,广泛应用于蔬菜害虫防治,由于使用量大、次数多,加之一般采收无定期,污染问题相对突出,在常用的蔬菜上检出率及超标率均比较高。乐果有明显的蓄积性毒性和迟发性神经毒性,大剂量时还有胚胎毒性。所以,在蔬菜上使用乐果必须注意。

敌百虫使用情况与乐果相似,但污染较轻,因为它降解较快,半衰期为 0.7～1 天,安全等待期为 3～6 天,因此,在施用后 7 天可以采收。但是,如果使用不当,也会由于污染而造成危害。据报道,敌百虫农药对哺乳动物有一定毒性,在其转化为敌敌畏的过程中,有阳离子或游离基形成,有致癌的潜在性。

敌敌畏的残留期较敌百虫更短,挥发性强,降解速度快,不易造成残留。在小白菜上试验结果指出,在喷药后 8 小时,其消解率即可达 81.2%～96.1%,72 小时即可达 99% 以上,其安全间隔期限为 1～3 天。敌敌畏毒性中等,在动物体内可被迅速形成相对无毒的代谢物而排出。在蔬菜上使用也较广泛。

3. 其他农药的污染

主要有以下几类农药。

(1)氨基甲酸酯类　氨基甲酸酯类杀虫药剂主要有抗蚜威、灭多威(万灵)及克百威(呋喃丹)。克百威是一种高毒、高残留杀虫剂,在韭菜中使用是造成农药残留超标的主要药物,在蔬菜生产中已被禁止使用。

氨基甲酸酯类中的西维因杀虫剂使用范围较广,药效持久,对人、畜毒性较低。上海市卫生防疫站建议 ADI(每人每天允许摄入量)值为 0.1 毫克/千克(体重)。

(2)福美类和代森类　据报道福美双和福美锌对动物有致畸的作用,世界卫生组织及联合国粮农组织于 1974 年将其 ADI 值降至 0.005 毫克/千克(体重)。代森锌和代森铵广泛用于防治蔬菜病害,它和福美类一样,对动物也有致畸的作用,而且其降解产物乙撑硫脲还有致突变作用,其 ADI 值定为 0.005 毫克/千克(体重)。

(3)百菌清　是一种广谱杀菌剂,广泛用于蔬菜病害防治,有人研究认为其毒性不高,但有致敏作用。其 ADI 值定为 0.03 毫克/千克(体重)。

(4)砷制剂农药　砷制剂农药有砷酸铅和砷酸钙,含有砷和铅的成分,卫生学上已研究证明砷有致癌性,铅有致畸性,在蔬菜上应避免应用。

（五）其他污染

蔬菜生产中除了受空气污染、水质污染、土壤污染、农药污染之外，还有农用塑料制品增塑剂、稳定剂的污染；汽车尾气的铅污染以及汽车轮胎与沥青路面的摩擦所产生的多环芳烃类物质(PAHs)的污染；蔬菜在加工、包装、贮藏、运输过程中也可能受到二次污染。现再将农用塑料制品的增塑剂、稳定剂，汽车与沥青路面摩擦所产生的 PAHs 污染的情况补充如下。

1. 农用塑料制品增塑剂及稳定剂的污染

在塑料薄膜制作时加入的增塑剂和稳定剂如正丁酯、磷苯二甲酸二异丁酯、己二酸二辛酯等增塑剂对作物为害严重。如利用磷苯二甲酸二异丁酯（以下简称 DIBP）做农用薄膜或浇水的管子，则在附近作物的叶缘或叶脉间的叶肉会发黄后变白而枯死，严重时使全部作物受害而遭绝产。在蔬菜中黄瓜最易受害。蔬菜中对 DIBP 敏感的还有十字花科的甘蓝、白菜和萝卜等，如甘蓝只要受害 1~2 小时叶片边缘即发黄，而后变白枯干。

为了保持农膜的可塑性及柔韧性，一般需添加 40％以上的增塑剂，主要是酞酸酯类化合物。在使用过程中，大棚薄膜释放出的酞酸酯滴落在作物上或随露滴沿薄膜滑入边缘土壤中造成污染土壤或损害蔬菜。据有关人员研究酞酸酯的化合物有致癌、致畸、致突变的"三致"作用，应引起足够的重视。实际上酞酸酯的污染还不只存在于蔬菜薄膜覆盖生产。在日常生活上使用的塑料制品也会逐渐释放出酞酸酯，从而成为普遍的环境污染。

2. 汽车与沥青摩擦所产生的 PAHs 的污染

在公路附近的菜地除了铅污染外,还会受到多环芳烃类物质 PAHs 的严重污染。有人对瑞士靠近高速公路的一小镇调查,该镇居民中癌症发病率高,在公路边土壤中测定 PAHs 含量高达 300 毫克/千克,而远离公路的土壤中测定 PAHs 的含量仅 2 毫克/千克。栽培在含有 PAHs 很高的土壤上的蔬菜,其根茎或块茎能吸收部分 PAHs,如马铃薯等,其叶片上也会受到污染,特别是叶片较大的蔬菜尤为突出。

二、治理蔬菜污染物质的基本对策

治理蔬菜污染物质应从加强思想建设、加强组织建设和加强法制建设三方面入手。

(一)加强思想建设

应大力宣传蔬菜生产只有走社会效益、经济效益和生态效益高度统一的道路,蔬菜生产才能得到持续发展。为确保消费者的安全健康和菜农的增产增收,必须在良好的生态条件下建立蔬菜生产基地,这是生产优质蔬菜的先决条件。蔬菜生产中全过程控制有害有毒物质的流入,是生产优质蔬菜的保证。严格的监控、监测产品,是蔬菜顺利进入市场的手段。为此,蔬菜生产应以国外市场的需求为目标,发展生态型(或称环保型)蔬菜生产。蔬菜生产应通过科学规划、合理布局、扶植重点、扩大规模、大力宣传环保型蔬菜生产,培训人才,建立新型的蔬菜生产体系,培育种植大户或龙头企业,培育品牌,确立标识,启动市场,加强市场监管体系,推进市场准入制,促进和完善环保型蔬菜的产销体系。

（二）加强组织建设

目前我国农业是以家庭承包经营为主的格局,小规模的个体蔬菜生产种植面积小,蔬菜种类多,生产无统一的品种、无统一的操作规程、无统一的收获时间,产品数量少,规格不一致,没有批量生产,难以达到优质的商品蔬菜。发展环保型或生态型的蔬菜生产,必须有种植大户、运销大户、公司或龙头企业来主持。这些大户、公司或龙头企业经济实力强,能承受一定的风险,能与国内外市场签订协议,承包生产,按定单农业的要求,组织生产,在产前、产中、产后按环保型蔬菜生产的各项标准进行操作,所产的产品应经过清理、分级、加工、包装、运输、贴上自己单位的品牌和标识上市。

（三）加强法制建设

发展环保型蔬菜生产是一项复杂的系统工程,它涉及到蔬菜生产、流通、加工、贸易等环节,它还需要农业、环保、化工、经贸、公安、标准、卫生、防疫、交通运输和工商行政等部门协同配合。

党和国家对我国环境保护工作一贯非常重视,不仅在宪法中增加了保护环境的条款,而且在多方面颁布了许多法律、法规及标准,如环境保护法、工业"三废"排放标准、农用灌溉用水质量标准、安全使用农药标准、无公害蔬菜质量安全卫生标准等等。这些法律、法规及标准都由政府行政执法机构、生产行政机构和技术指导部门按法定程序制订,并严加执行。如在筹建无公害蔬菜生产基地时,凡受"三废"污染,不符合无公害蔬菜产地环境条件(NY/T 5176—2002)中空气质量、农田灌溉水质量或环境土壤质量的,应坚决实行退产制度。无公害蔬菜产地认定应由申请者提出书面申请材料,由县级农业行政主管部门初审,省农业行政主管部门审核,组织有关人员进行现场检查,申请人委托有资质资格的机构检测,再经省农业行政主管部门终审,经农业部和国家认证认可监督管理委员会备案,才能颁发无公害蔬菜产地认证书(图 2-2)。

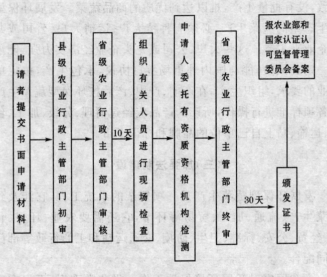

图 2-2 无公害蔬菜产地认定程序 (张真和)

无公害蔬菜在产地认定的基础上,按无公害蔬菜生产程序操作,所产的蔬菜应经产品认证,其程序与基地认定相仿,在基地认定证书及产品认证证书两证齐全时,申请市场准入证明,得到市场准入证明后才能进入批发市场,如果市场抽签,质量安全不合格者,则取消市场准入资格(图 2-3)。

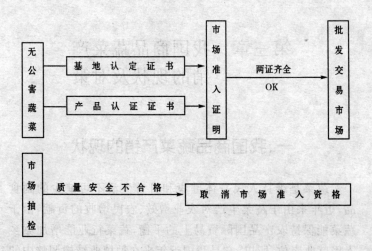

图 2-3 无公害蔬菜市场准入制程序图 (张真和)

第三章 我国商品蔬菜产销的现状及对策

一、我国商品蔬菜产销的现状

蔬菜是维持人民身体健康和日常生活不可缺少的副食品,近年来由于蔬菜生产对农业增效、农民增收的贡献,由于蔬菜能保持农产品国际贸易上的平衡,蔬菜行业能增加城乡人民就业岗位,所以,它是我国近年来在种植业结构调整中的一个热点。蔬菜生产的面积、产量及产值迅速上升。如2001年我国蔬菜播种面积达1 633.9万公顷,总产量达4.8亿多吨。我国蔬菜的总产值在种植业中仅次于粮食,位居第二,出口创汇22.6亿美元,占农产品进出口顺差的53.42%,2002年蔬菜进出口顺差25.62亿美元,占农产品进出口顺差的44.95%,居农产品之首。蔬菜目前已成为我国农业和农村经济的支柱产业。

(一)我国蔬菜产业的优势

蔬菜之所以成为我国农业和农村经济的支柱产业,因其具有下列优势。

1. 具有丰富的自然资源

我国从南到北跨越热带、亚热带、暖温带、中温带和寒带5个气候带,气候类型复杂。地形有高山、丘陵、平原、河湖沼泽及海涂,地势复杂。形成了多种农业生态类型,适于各种类型的蔬菜作物生长。

2. 具有丰富的蔬菜种质资源

我国历史悠久、地域广阔、广大的农民经过精心的选择与培育，积累了丰富的蔬菜种质资源。目前，我国保存的蔬菜种质资源达 3 万多份，生产上主栽的品种或一代杂种有 1 000 多个，部分蔬菜已成为国际上著名的蔬菜，并成为我国出口创汇的主要品种，如大白菜、芥菜、萝卜、葱、韭、蒜、姜、莲藕等。此外，还有更多的蔬菜优良品种和野生蔬菜还有待于进一步开发利用。

3. 具有丰富的劳力资源

近年由于小麦等粮食作物价格下降，种植业结构调整，有不少劳动力向蔬菜生产转移，劳动力资源丰富，价格低廉，在生产蔬菜时有较强的竞争力。

4. 具有精湛的蔬菜园艺技术

我国蔬菜自古至今都以集约栽培为主，数千年来积累了丰富的栽培技术。无论在优质或高产方面都有突出的成就，如大白菜、大萝卜等的高额丰产技术、反季节的节能设施栽培、软化栽培、芽苗菜栽培等。其中蔬菜的设施栽培成绩尤为突出，如 1981～1982 年全国有蔬菜设施栽培面积 7 200 公顷，总产量 20 多万吨，人均占有量仅 0.2 千克；至 1999～2000 年蔬菜设施栽培面积为 170 多万公顷，总产量为 8 700 多万吨，人均占有量为 60 多千克，比 1981～1982 年分别增长 220 多倍、400 余倍和 310 倍。此外，还有 1 亿多平方米的遮阳网、300 多万平方米的防虫网应用于蔬菜生产，覆盖栽培面积近 7 万公顷，蔬菜地膜覆盖栽培 240 多万公顷。

5. 我国已建成了部分商品菜基地

目前我国已建成了与现阶段生产水平相适应的蔬菜生产

布局,初步建立了冬季南菜北运基地、黄淮早春菜基地、西菜东调基地、冀鲁豫秋菜基地和京津夏淡季菜五大商品菜基地。此外,在东南沿海诸省已初步建立了出口蔬菜基地,部分省、市还建立了高山蔬菜基地,以调节蔬菜淡季的供应。

6. 具有明显的价格优势

1993~2000年我国蔬菜平均出口价每吨在756美元左右,一般认为每吨平均出口价是国内市场价的6~8倍。如江苏如意公司1996年出口蔬菜为1.63万吨,创汇2144万美元,平均每吨为1315美元。经过加工以后的增值效果也非常显著,如江苏海星集团从农民手中收购黄瓜的价格每千克为0.7元,腌成半成品出口日本的价格为1.83美元。蔬菜是劳动密集型的产业,劳动力成本较低,蔬菜出口有明显的价格优势。

根据我国海关统计资料进行分析,认为蔬菜的价格优势比水果强。蔬菜中的加工鲜菜、冷冻蔬菜、罐头蔬菜、干菜和菜汁都有很强的比较优势。具体地说,在蔬菜作物中以食用菌、菠菜、番茄、胡萝卜、萝卜、姜、洋葱的加工品或冷藏的大蒜、豌豆都有很强的比较优势。相对地说,马铃薯的比较优势较小,芹菜则没有比较优势。

7. 具有明显的贸易优势

根据全国农业技术推广服务中心张真和等匡算,我国2000年种植业总产值在百亿元以上的作物依次为粮食4600多亿元、蔬菜3150多亿元、水果1000亿元左右、油料500亿元左右、棉花400多亿元、烟草300亿元左右、糖料150亿元左右、花卉100多亿元、茶叶约100亿元。2000年蔬菜播种面积为1523.57万顷,约占农作物播种面积的10%,而总产值却占种植业总产值的30%以上。另据中国蔬菜流通协会资料,2000 年全国农产品城乡集市贸易额蔬菜 3 000 亿元、果品 2 000 亿元、肉禽蛋 3 557 亿元、水产品 1 659 亿元。可见蔬菜已成为我国农业和农村经济的支柱产业,是农民现金收入的重要来源。同年,蔬菜出口创汇额为 20.3 亿美元,进出口顺差 19.6 亿美元,居所有农产品之首。

(二)我国蔬菜产业中存在的问题

1. 缺乏统筹规划

蔬菜生产中宏观调控不力,发展中带有一定的盲目性。如生产方式、茬口布局、品种安排多相雷同,没有按销售的需要进行合理地安排,盲目引进现代化温室,经济效益不高,成为时尚摆设。

2. 小生产与大市场的矛盾突出

多数蔬菜由个体农户生产,生产规模较小,组织化程度较低,生产的随意性较大,蔬菜的产品难以达到规范化、标准化、品牌化,难以达到商品化的要求。

3. 科技含量低

由于多数菜农的文化素质较低,技术服务体系不健全,生产上的新品种、新技术到位率低,与现代农业要求相差甚远。

4. 蔬菜的安全卫生问题应引起足够的重视

近年来,由于食用蔬菜而引起农药中毒事件屡有发生,直接危及消费者的身体健康及生命安全,影响蔬菜的内销及外贸。蔬菜的安全卫生问题除了防止农药中毒外,还应防止有害的金属、非金属及硝酸盐等潜在有毒物质的危害,以免影响人们的身体健康。

二、发展我国商品蔬菜产销的对策

为拉动蔬菜内销及外贸，根据农业部种植业司经作处及全国农业技术推广服务中心的意见，从蔬菜的生产及销售两方面提出如下对策。

（一）生产方面

1. 利用多样性，发展互补型竞争贸易

我国幅员广大，气候、地形、地势具有多样性，适于各种蔬菜生长，可以最大限度地实现蔬菜的适地种植，这不仅可以有效地保证蔬菜的产品质量和降低生产成本，而且能为异地淡季市场提供质优价廉、花色品种多样的蔬菜。在国内可以发展南菜北运或西菜东运等。在国际上也可发挥优势互补，发展互补型的竞争型贸易。如利用热带和南亚热带的天然温室气候资源，发展向东北亚、欧洲、北美洲国家和日本、韩国冬季市场的鲜菜或冷藏菜出口；利用高纬度和高海拔的夏季冷凉气候资源，发展面向东南亚、南亚、西亚南部、南美洲等国家和地区，供应夏秋季的鲜菜或冷藏菜。

2. 优化生产布局，拓展产销渠道

在现有蔬菜生产布局的基础上，增加特色蔬菜生产区域，优化各类蔬菜的保鲜及加工品种，形成保鲜和加工菜并举。在加工菜中，生产腌制、干制（脱水菜）、蔬菜罐头及蔬菜汤汁等多种类型的蔬菜产品。

3. 加强良种繁育，丰富蔬菜的类型与品种

针对市场的需求，从国内外引进各种类型与品种的蔬菜，通过选择、培育与繁殖，迅速投入生产。

4. 依靠科技进步,提高蔬菜的商品性

在蔬菜生产中不仅要注意蔬菜的营养成分的研究,而且要注意产品的外观,如形状、色泽、香味、口感和包装的研究,并保证在贮藏、运输过程中品质不受损害,以提高蔬菜的商品性。

5. 提高蔬菜的安全性

蔬菜的安全性应从蔬菜生产的源头上抓起。选择洁净的生产环境,在生产的全过程应进行严格的监控,防止农药、化肥和激素的污染,按有关的标准,实行田间和产品的检测。按准入制的规定进入市场,确保蔬菜产品的安全性。

(二)管理方面

1. 加大政策扶持力度

加快蔬菜领域的国际合作与交流,大力引进国外的先进技术设备、人才和资金。按照国际技术规范和管理模式,逐步对现有的出口企业进行技术改造和管理更新,提高企业的加工技术水平,增强在国际市场上的竞争力,进一步放开出口经营权,简化出口环节和手续,加快通关速度和退税进程。加大落实出口信贷等财政政策。设立蔬菜产品出口基金,促进蔬菜产业的快速发展。加强行业自律,按照"协调一致、统一对外"的方针,整顿和规范市场秩序,保证出口信誉。利用贸易争端解决机制,积极应诉国外反倾销及歧视性保护措施。

2. 构建全方位信息服务平台

利用信息系统引导菜农以销定产,生产适销对路的产品;为出口企业捕捉国际商机,提供信息通道,并促进监测、检验和检疫工作更好地与国际接轨。出口蔬菜涉及到蔬菜的种植、加工、包装、贮运和出口等各个环节的正常运转,主要依赖于

蔬菜输入国市场需求的稳定增加,需要建立完备的信息系统,实现信息资源共享,为不断扩大蔬菜出口贸易提供及时、准确和有效的信息服务。

3. 发展订单农业,确保增产增值

扶植龙头企业,主持菜农的产销工作。龙头企业根据市场的需求,以销定产,与菜农签订产销合同。在生产过程中菜农接受龙头企业的监控,确保蔬菜的质量。企业收购的产品经预冷、加工、包装、贮藏和运输,实现产销一条龙的服务,为菜农承担风险。通过龙头企业,发展订单农业,能确保菜农增产增值。

4. 建立质量安全体系,积极应对绿色壁垒

近年,国际蔬菜贸易中的"绿色壁垒"已成为我国蔬菜外贸出口的主要障碍,为克服"绿色壁垒",必须积极认真地应对"绿色壁垒",从管理的角度应采取下列措施。一是严格选择出口蔬菜生产基地,制订并实施无污染蔬菜生产技术规程,建立标准化生产体系。二是建立健全质量标准体系,尽快参照国际标准制订、修订农业行业标准和国家标准,切忌过严;出口企业应按照目标市场国的检测指标要求建立严密的企业质量标准体系。三是按照国际惯例,建立健全职能分制的无公害蔬菜、绿色蔬菜和有机蔬菜产地认定和产品认证体制和机制。四是建立健全产地检测服务体系。五是积极稳妥地推行市场准入制。六是建立完备的行政监管机制。

5. 优化产品结构,提高质量档次和出口效益

近年来,出口蔬菜的价格变化较大,在总体均价下跌的情况下,蔬菜罐头类、脱水蔬菜类、盐水蔬菜类、暂时保鲜蔬菜类和冷冻蔬菜类产品的价格保持较好,鲜菜或冷藏菜类价格下跌较多,应认真进行具体分析研究,及时优化调整产品结构。

同时,应积极采用光电智能多重分级包装和真空预冷技术装备进行采后处理,提高产品质量档次,提高产品竞争力和出口效益。

6. 开拓国际市场,扩大产品出口

巩固、提高日本、韩国及东南亚等各国传统市场,积极扩大独联体、东欧、欧盟、北美市场,努力开拓中东、非洲、拉美、澳洲等新兴市场。同时大力拓展边境贸易。在开拓市场上要更新观念,改变营销策略。组织力量选择适合的区域市场,创办跨国公司,建立国际性营销网,实现蔬菜产品的国际化经营。

第四章 环保型蔬菜基地
的选择与建设

选择和建设蔬菜生产基地是发展环保型生产的首要条件,在开展环保型蔬菜生产之前必须认真做好此项工作。

一、环保型蔬菜基地的选择

环保型蔬菜基地选择的目的在于寻找相对洁净的生产环境,并且有良好的自然条件,在少受环境污染的条件下,能生产安全、卫生、高产、优质、高效的商品蔬菜,现将环保型蔬菜基地选择的主要条件分述于后。

(一)选择自然环境好的地方建基地

主要应选择具有良好的气候、地形、地势、地貌、土壤肥力、水文、植被等适于栽培蔬菜的地方建立蔬菜生产场圃,以利于达到旱涝保收。

(二)选择环境污染小的地方建基地

环保型蔬菜生产基地不应在直接受到"三废"、城镇垃圾等污染的地方建立场圃。至少在周边 2~3 千米内无污染源,以利于生产安全、卫生的蔬菜。

(三)选择病虫源少的地方建基地

不能在邻近农药、化工、医疗单位的地方建基地,以减少病虫害的发生。

(四)选择交通便利受交通工具污染少的地方建基地

环保型蔬菜一般生产的面积大、数量多,都属于商品蔬菜,大量蔬菜需要通过运输远销国内外。如果建立的场圃距离高速公路太近,则易受汽车尾气等对蔬菜的污染,所以,一般环保型蔬菜基地至少应距主干公路 100 米以上。

(五)选择有防护设施的地方建基地

最好在基地的四周有山坡、沟渠、防护林,或围墙环绕,以少受外界污染或其他不利因素的干扰。

环保型蔬菜基地的选择,除上述要求外,各项具体的指标可参阅《NY 5010—2001 无公害食品蔬菜产地环境条件》。

二、环保型蔬菜基地的建设

环保型蔬菜的基地建设除了尽量减少外来污染外,也要避免生产过程中内部的污染。基地建设应立足于在场圃内部建立生物小循环系统,即植物—动物—微生物三者之间的循环,尽量减少、最好不用来自场圃外部的化肥、农药、激素及转基因的品种,尽量减少来自场圃外部的有机肥料,通过场圃内部种植绿肥、牧草或利用菜叶边皮从事畜禽养殖,经过腹还田或沤制沼气肥料培肥土壤,生产时按无公害蔬菜、绿色食品或有机食品的标准操作,投入的生产资料应防止污染,生产时必须实行全过程监控,产品应经过检测,产后的加工、包装、贮藏、运输都应防止二次污染。在基地建设中应注意改善基地生产条件和生态系统,环保型蔬菜生产在发展生产、增加收益的同时,也应增进土壤肥力,改善生态环境,使环保型蔬菜生产成为农业生产持续发展的一部分。现将基地建设中有关的主要问题分述如下。

(一)建立旱涝保收的水利系统

蔬菜含水量大,对水肥要求严格,既需勤灌,又怕涝渍。故菜地对排灌设计标准应比大田作物高,要求日降水 300 毫米能及时排出,百日无雨保灌溉,地下水位应在 1.0～1.5 米以下。在上述一般要求下,对不同地区,都应因地制宜地进行水利建设。

1. 北方干旱菜区

这些地区有相当大的菜地缺乏灌溉条件,应重点解决井灌配套物资设备,加速旱园水利化的进程;有地面水流的地区,应积极引调符合灌溉水质量的外水,改旱园为水园。同时,也应改善排水渠系,防止夏秋之交暴雨成涝。在温室、大棚中栽培可以发展滴灌技术。

2. 丘陵菜区

应主攻防旱、防洪,实行以蓄为主,蓄、引、提结合,大搞小水库、小塘坝,蓄水量逐步达到平均每 667 平方米菜地有水300 立方米,广辟水源,确保全年灌溉。大挖排水沟、降水沟,做到山冲分开,旱、洪、渍兼治,实现岗坡梯田化,冲田园田化,道路适应机械化,沟渠塘坝适应喷灌化,沟边路旁全绿化的目标。

3. 江南平原菜区

这些地区一般地势平坦,河湖纵横,灌溉便利。应主攻防渍防涝,提高排涝干河和建筑的标准,园田建设中要求内外"三沟"配套,所谓内三沟指的是畦沟、腰沟、边沟。所谓外三沟指的是大沟、中沟、小沟的排水沟。应达到雨过田干,能排、能灌又能降。

4. 南方圩区菜地

目前,不少圩区堤身单薄,标准不高,险工隐患,病涵病闸没有彻底消除。这些地区应重点抓江、港、河堤加高培厚,一般要超过最高洪水位 1.5 米,顶宽 4~6 米,坡度 1∶3,彻底消灭病涵病闸,狠抓"三沟"配套。

(二)平田整地,实现园田化

园田化是适应机械化、减少劳务支出、提高经济效益的一种手段。目前许多城市郊区的田块大小不一,土地高低不平,必须结合水利建设、道路改造、四旁绿化、营造防护林,通过平田整地使土地平整,逐步过渡到园田化。园田化的标准不能强求一律,如丘陵菜区应做到坡地梯田化,陵顶平原化。平原菜区则各地可依机械化程度不同而有所区别。江南在小型拖拉机耕作运输条件下,多实行 50 米×100 米或 50 米×50 米的规格。采用固定式或半固定式喷灌机射程二倍设计的,其田块宽度是 21~22 米。一般地少人多、土地不平、机械化程度不高的地方,其田块较小,反之,田块较大。

(三)改土培肥,创造肥沃的菜园土层

一般在大田作物区域发展蔬菜基地,或在盐碱土、红黄壤、沙土、青粘土等土壤瘠薄地区发展蔬菜,尤需改土培肥。改土培肥的方法有下列几种。

1. 利用蔬菜茬口间隙,发展绿肥作物

如冬春旱地可以播种苜蓿、苕子、豌豆和蚕豆,水田可以发展紫云英;夏季可以播种田菁、桎麻、绿豆、乌豇豆、肥田萝

卜和黑麦草等绿肥作物。所有的绿肥作物应在鲜草产量较高时，在栽培蔬菜前及早翻入土内，经过腐烂后才能增加有机质，改善土壤的理化性状，提高土壤肥力。

2. 忌用畜禽新鲜粪便，发展沼气肥料

新鲜的畜禽粪便中含有病菌及寄生虫，不宜直接使用。一般需经堆制，在发酵腐熟过程中杀死各种病菌、虫卵和杂草种子，并将肥料中的有机物质逐步分解为植物可以吸收的各种营养成分。近年各地大力发展沼气池，将各种畜禽粪便及秸秆等一起投入沼气池中，经密封发酵，既能洁净环境，提供沼气能源，又能生产合格的有机肥料。一般沼气池中的汁水经过滤，可通过水泵和管道用于浇灌或喷灌做追肥，沼气渣滓可做基肥，是生产环保型蔬菜的优质、廉价的肥料。

环保型蔬菜栽培中不宜使用人粪尿，如果确需使用必须经充分腐熟杀死各类病菌。栽培叶菜类、根菜类、地下块茎和块根类蔬菜切忌使用人粪尿做肥料。

3. 提倡使用腐熟的饼粕类肥料

豆饼、菜籽饼、花生饼、芝麻饼或麻油渣等，这些饼粕肥含氮量在 $4.6\% \sim 7.0\%$，含五氧化二磷量在 $1.3\% \sim 3.2\%$，含氧化钾量在 $1.3\% \sim 2.1\%$，营养极其丰富、全面，能提高瓜菜的品质，尤其是栽培西瓜，使用饼肥的效果更为明显。使用饼肥必须经过发酵，在发酵前要经过粉碎，粉碎的程度越高，腐烂分解和产生的肥效也就越快。饼肥的发酵应在缸中或在不漏水的水泥池中密闭沤制，防止肥水渗漏和肥料挥发，防止蝇蛆等病虫侵入。饼肥的汁水可做追肥，渣滓可做基肥。

4. 有机颗粒肥料

近年各地利用畜禽粪便、粉碎的饼肥和油粕等各种肥料，通过检测计算和合理配合，经堆制发酵、晾至半干，用机器压

制成颗粒有机肥料。这些有机颗粒肥料由于氮、磷、钾及微量元素配合的比例不同,各地厂商制造出各种蔬菜的专用肥料,如适于叶菜类使用的颗粒有机肥料,其氮素含量较高;适于茄果类蔬菜使用的颗粒有机肥料,其磷、钾含量较高;适于根菜类使用的颗粒有机肥料,其钾素含量较高。

(四)环保型蔬菜设施栽培的建设

为提高环保型蔬菜栽培的产值,必须反季节生产,为防止病虫草害也需要利用设施条件加以保护。但设施只是环保型蔬菜生产的一种工具,设施必须根据栽培的需要,因时、因地和因栽培蔬菜的需要而异。以盈利为目的蔬菜设施栽培的建设,应以节本、省工、实用、降低能耗和节省生产管理费用为主。能用简易设施达到生产目的,就不用复杂的设施。北方气候多低温、干燥,在设施上应多注意保温、灌溉。南方气候温暖、多湿,在设施上应多注意通风、降湿、降温。中部地区如江淮流域的气候既有高温及低温,又有干燥及潮湿,两者兼而有之,在设施上除应注意保温以外,更应注意通风、降温、降湿,在棚室中除注意灌溉设施外,更应注意开沟排水、降低地下水位、采用地面覆盖和降低空气湿度,加强通风设施,降低棚室温度。

现将我国江淮流域蔬菜设施栽培建设,从防止病虫草害、生产环保型蔬菜的观点出发,在筹建蔬菜保护地设施时应注意的问题分述如下:

1. 棚室的结构

从蔬菜生长发育的规律出发,在适温范围内,昼夜温差大,有利于物质的积累。因此,江淮流域一带发展棚室设施栽培,一般不宜采用多连栋、大跨度的棚室,多连栋大跨度的棚室空间容量大,升温、降温均慢。如用单栋或双连栋棚室,不仅造价低,而且升温、降温均快。冬春加温或夏秋降温的能耗较少,管理费用也较节省。

2. 加强通风降温设施

江淮流域建造棚室设施与北方应有所区别,棚室建造除保温、加温设施外,还应加强通风降温设施,江淮流域无论是秋季、冬季或春季,只要天气晴朗,都必须及时通风降温,否则作物常因高温或高湿而得病早衰。具体地说,日光温室除加强前窗、顶窗通风外,北窗也应加大、加多,应做到既能开大,又能密封。塑料大棚应使用无滴薄膜,大棚不能用一块薄膜盖到地面,应该用三块薄膜覆盖,即两边有围裙,上面有顶盖,顶盖不宜太平展,应有较大的弧度,否则棚内水汽不能沿着薄膜下滑入土,而棚顶的水滴落在棚内的蔬菜上,常会引起病害。

3. 棚室覆盖防虫网

夏季的大棚掀去薄膜,用防虫网全面覆盖,可减少蔬菜病虫害。在温室中生产环保型蔬菜,应在门窗及各通风口用防虫网覆盖,防止虫害侵入,传播病害。在防虫网室内工作人员出入时,应防止病虫带入室内。

第五章　环保型蔬菜生产
环境质量指标

环保型蔬菜产地环境质量的主要指标是大气质量指标、农田灌溉用水质量指标及土壤质量指标等三个方面,现将近年我国颁布的有关质量指标分别摘录如下:

一、环保型蔬菜生产大气质量指标

生产环保型蔬菜,大气环境必须执行中华人民共和国国家标准 GB 3095—82 所列的一级标准。

一级标准为保护自然生态和人群健康在长期接触下,不发生任何危害的空气质量要求。种植环保型蔬菜的大气环境应达到一级标准。

二级标准为保护人群健康和城市、乡村的动、植物,在长期和短期接触下,不发生伤害的空气质量要求。

三级标准为保护人群不发生急、慢性中毒和城市、乡村的一般动、植物(敏感者除外)正常生长的空气质量要求。

标准的分级和限值(表 5-1),大气污染物最高允许浓度标准(表 5-2)。

表 5-1　空气污染物三级标准浓度限制

污染物名称	浓度限值（毫克/立方米）			
	取值时间	一级标准	二级标准	三级标准
总悬浮微粒物	日平均	0.15	0.30	0.50
	任何一次	0.30	1.00	1.50
飘尘	日平均	0.05	0.15	0.25
	任何一次	0.15	0.50	0.70
二氧化硫	日平均	0.05	0.15	0.25
	任何一次	0.15	0.50	0.70
	年日平均	0.02	0.06	0.10
氮氧化物	日平均	0.05	0.10	0.15
	任何一次	0.10	0.15	0.30
一氧化碳	日平均	4.00	4.00	6.00
	任何一次	10.00	10.00	20.00
光化学氧化剂 O_3	1 小时平均	0.12	0.16	0.30

注：1.“日平均”为任何一日的平均浓度不许超过的限值

　　2.“任何一次”为任何一次采样测定不许超过的浓度限值，不同污染物
　　　“任何一次”采样时间见有关规定

　　3.“年日平均”为任何一年的日平均浓度不许超过的限值

表 5-2　保护农作物的大气污染物最高允许浓度标准

（GB 9137—88）

污染物	作物敏感程度	生长季平均浓度	日平均浓度	任何一次	农作物种类
二氧化硫	敏感作物	0.05	0.15	0.50	冬小麦、春小麦、大麦、荞麦、大豆、甜菜、芝麻 菠菜、青菜、大白菜、莴苣、南瓜、西葫芦、马铃薯 苹果、梨、葡萄 苜蓿、三叶草、鸭茅、黑麦草
	中等敏感作物	0.08	0.25	0.70	水稻、玉米、燕麦、高粱、棉花、烟草 番茄、茄子、胡萝卜 桃、杏、李、柑橘、樱桃
	抗性作物	0.12	0.30	0.80	蚕豆、油菜、向日葵 甘蓝、芋头、草莓

污染物	作物敏感程度	生长季平均浓度	日平均浓度	任何一次	农作物种类
氟化物	敏感作物	1.0	5.0		冬小麦、花生 甘蓝、菜豆 苹果、梨、桃、杏、李、葡萄、草莓、桑 紫花苜蓿、鸭茅、黑麦草
	中等敏感作物	2.0	10.0		大麦、水稻、玉米、高粱、大豆、大白菜、芥菜、花椰菜 柑橘 三叶草
	抗性作物	4.5	15.0		向日葵、棉花、茶 茴香、番茄、茄子、辣椒、马铃薯

注:1. "生长季平均浓度"为任何一个生长季的日平均浓度值不许超过的限值
2. "日平均浓度"为任何一日的平均浓度不许超过的限值
3. "任何一次"为任何一次采样测定不许超过的浓度限值
4. 二氧化硫浓度单位为毫克/立方米
5. 氟化物浓度单位为微克/平方分米·天

二、环保型蔬菜生产灌溉水质量指标

环保型蔬菜生产灌溉水质量指标见表 5-3。

表 5-3 农田灌溉水质量标准 (GB 5084—92)

序号	标准值(毫克/升) 作物分类 项目		水 作	旱 作	蔬 菜
1	生化需氧量(BODr)	≤	80	150	80
2	化学需氧量(CODcr)	≤	200	300	150
3	悬浮物	≤	150	200	100
4	阴离子表面活性剂(LAS)	≤	5.0	8.0	5.0

序号	标准值(毫克/升) 作物分类 项目		水作	旱作	蔬菜
5	凯氏氮	≤	12	30	30
6	总磷(以 P 计)	≤	5.0	10	10
7	水温(C)	≤	35		
8	pH 值		5.5~8.5		
9	全盐量	≤	1000(非盐碱土地区) 2000(盐碱土地区) 有条件地区可适当放宽		
10	氯化物	≤	250		
11	硫化物	≤	1.0		
12	总 汞	≤	0.001		
13	总 镉	≤	0.005		
14	总 砷	≤	0.05	0.1	0.05
15	铬(六价)	≤	0.1		
16	总 铅	≤	0.1		

三、环保型蔬菜生产土壤质量指标

环保型蔬菜生产的土壤不仅应满足土壤安全卫生标准，更应满足蔬菜生长发育的需要。因此，环保型蔬菜生产土壤的质量指标应包括下列各个方面。

（一）土壤的理化性质

以轻壤土或砂壤土为佳：要求熟土层厚度不低于30厘米，土壤质地疏松，有机质含量高，腐殖质含量应在3%以上；蓄肥、保肥能力强，能及时供给植物不同阶段所需的养分，能经常保持水解氮70毫克/千克以上，代换性钾100～150毫克/千克，速效磷60～80毫克/千克，氧化镁150～240毫克/千克，氧化钙0.1%～0.14%，以及一定量的硼、锰、锌、铜、铁和铝等微量元素。这是不用或少用化肥的物质基础。

（二）土壤的保水、供水、供氧能力

土壤的供水性和通气性决定于土壤的三相比、土壤容重和土壤颗粒组成的比例。适于生产蔬菜的土壤三相比为：固相占40%，气相占28%，液相占32%，即土壤的孔隙度应达到60%。适宜的土壤容重为1.1～1.3克/立方厘米，最好在1.0克/立方厘米以下；土壤翻耕后，其硬度应保持在20～25千克/平方米范围之内。

（三）土壤的稳温性

棚室土壤应有较大的热容量和导热率，温度变化比较平稳。土壤温度状况，即土壤热状况，除了对根系生长直接影响外，还是土壤生物化学作用的动力。没有一定的热量条件，土壤微生物的活动、土壤养分的吸收和释放等都不能正常进行。土壤温度受土壤种类、土壤水分、土色、地面倾斜度以及植被等影响。如砂壤土比热小，粘壤土比热大。土壤比热大时升温慢，降温也慢，保温性能好。粘壤土最适于棚室蔬菜栽培。

(四)土壤的安全卫生质量标准

生产环保型蔬菜的土壤应选择安全卫生、无病虫寄生和不存在有害物质。现将环保型蔬菜生产的土壤环境质量标准列表如下：

表 5-4　环保型蔬菜生产土壤环境质量标准

项　　目		标　　准		
		pH 值＜6.5	pH 值 6.5～7.5	pH 值＞7.5
总汞,mg/kg	≤	0.3	0.5	1.0
总砷,mg/kg	≤	40	30	25
铅,mg/kg	≤	100	150	150
镉,mg/kg	≤	0.3	0.3	0.6
铬(六价),mg/kg	≤	150	200	250
铜,mg/kg	≤	50	100	100
六六六,mg/kg	≤	0.5	0.5	0.5
滴滴涕,mg/kg	≤	0.5	0.5	0.5

注：1. 根据无公害食品国家标准(GB 18407,1—2001)和农业部行业标准(NY 5010—2001)制表

　　2. 表中主要数据来源于农业部行业标准(NY 5010—2001),其余数据来源于国家标准(GB 18407·1—2001)

环保型蔬菜生产环境质量指标详见附录 3《NY 5010—2001 无公害食品蔬菜产地环境条件》。

第六章 环保型蔬菜生产 中使用农药标准

环保型蔬菜生产中农药的使用,对蔬菜产品的安全卫生及环境保护具有决定性作用。环保型蔬菜中的有机食品要求最严,它绝对禁止使用人工合成的化学农药,只允许使用农业综合防治措施、生物源农药及部分未经加工的矿质农药,详见附录1中《OFDC有机认证标准》。绿色食品及无公害食品应遵照有关的标准或规定,禁用剧毒农药,或限量、限时、限浓度使用部分农药。但绿色食品及无公害食品两者的标准又不完全相同。目前使用的农药标准及规定,随着科学的发展,应逐步加深认识,其标准及规定需经常不断改变更新。外贸出口蔬菜要了解各国设置的"绿色屏障"中对农产品的检测、农药残留的限制品种及数值又各有不同。在蔬菜生产前必须考虑生产什么等级的蔬菜,是有机蔬菜、绿色蔬菜或无公害蔬菜,产品是内销或外销,产品销售及农药的检测项目及指标。以便在蔬菜生产时对病虫草害使用什么农药,避免产品因不合标准而造成滞销或损失。现将当前绿色食品及无公害食品中,禁止使用的农药,限量、限时、限浓度使用的农药,各种绿色蔬菜安全使用农药的标准及农药最大残留限量分别摘录有关材料介绍于后。这些材料随着科学发展、或因时间、地点、农药型号、使用在不同的蔬菜作物上都会有所改变,所以,应随时注意新动态,所列材料仅供参考。

一、禁止使用的化学农药

在绿色食品生产中禁止使用的农药见表 6-1。

表 6-1　绿色食品生产中禁止使用农药的种类

种　类	农药名称	禁用作物	禁用原因
无机砷杀虫剂	砷酸钙、砷酸铅	所有作物	高毒
有机砷杀菌剂	甲基胂酸锌、甲基胂酸铁铵(田安)、福美甲胂、福美胂	所有作物	高残毒
有机锡杀菌剂	薯瘟锡(三苯基醋酸锡)、三苯基氯化锡和毒菌锡	所有作物	高残毒
有机汞杀菌剂	氯化乙基汞(西力生)、醋酸苯汞(赛力散)	所有作物	剧毒、高残毒
氟制剂	氟化钙、氟化钠、氟乙酸钠、氟乙酰胺、氟铝酸钠、氟硅酸钠	所有作物	剧毒、高毒易产生药害
有机氯杀虫剂	滴滴涕、六六六、林丹、艾氏剂、狄氏剂	所有作物	高残毒
有机氯杀螨剂	三氯杀螨醇	蔬菜、果树	我国生产的工业品中含有一定数量的滴滴涕
卤代烷类熏蒸杀虫剂	二溴乙烷、二溴氯丙烷	所有作物	致癌、致畸
有机磷杀虫剂	甲拌磷、乙拌磷、久效磷、对硫磷、甲基对硫磷、甲基异柳磷、治螟磷、氧化乐果、磷胺	所有作物	高毒
有机杀菌剂	稻瘟净、异稻瘟净(异嗅米)	所有作物	高毒

种　类	农 药 名 称	禁用作物	禁用原因
氨基甲酸酯杀虫剂	克百威、涕灭威、灭多威	所有作物	高　毒
二甲基脒类杀螨杀虫剂	杀虫脒	所有作物	慢性毒性、致癌
拟除虫菊酯类杀虫剂	所有拟除虫菊酯类杀虫剂	水　稻	对鱼毒性大
取代苯类杀虫杀菌剂	五氯硝基苯、稻瘟醇(五氯苯甲醇)	所有作物	国外有致癌报道或二次药害
植物生长调节剂	有机合成植物生长调节剂	所有作物	
二苯醚类除草剂	除草醚、草枯醚	所有作物	慢性毒性
除草剂	各类除草剂	蔬　菜	

注:本表摘自葛晓光、张智敏 1997 年编著的《绿色蔬菜生产》

二、限量、限时、限浓度使用的农药

生产 A 级绿色食品可限制性使用的化学农药种类、毒性分级允许的最终残留限量、最后一次施药距采收间隔期及使用方法见表 6-2-1,表 6-2-2,表 6-2-3,表 6-2-4,表 6-2-5,表 6-2-6,表 6-2-7,表 6-2-8,表 6-2-9,表 6-2-10,表 6-2-11,表 6-2-12,表 6-2-13,表 6-2-14,表 6-2-15。

表 6-2-1　有机磷杀虫剂

农药名称	急性口服毒性	允许的最终残留量（毫克/千克）	最后一次施药距采收间隔期（天）	常用药量克/次·亩或毫升/次·亩或稀释倍数	施药方法及最多使用次数
敌敌畏 (dichlorvos)	中等毒	0.1　(0.2)	茶叶 10　(6)	50%乳油 150～250 克 (1000～800)	喷雾 1 次
		0.1　(0.2)	蔬菜 10　(7)	80%乳油 100～200 克 (1000～500 倍)	喷雾 1 次
乐　果 (dimethoale)	中等毒	0.05 (0.05)	小麦、玉米、高粱 15　(10)	40%乳油 100～125 克	喷雾 1 次
		0.5　(1)	蔬菜 15　(9)	40%乳油 50～100 克	喷雾 1 次
		0.5　(1)	苹果 30　(7)	40%乳油 1500～1000 倍	喷雾 1 次
		0.5　(1)	柑橘 20　(15)	40%乳油 1500～500 倍	喷雾 1 次
		0.5　(1)	茶叶 15　(7)	40%乳油 2000～1000 倍 (125～175 克)	喷雾 1 次
杀螟硫磷 (fenitrothion)	中等毒	1　(5)	水稻 20　(14)	50%乳油 75～100 毫升	喷雾 1 次
		0.2　(0.5)	茶叶 15　(10)	50%乳油 200～300 克	喷雾 1 次
		0.2　(0.5)	苹果 30　(15)	50%乳油 1500～1000 倍	喷雾 1 次
马拉硫磷 (malathion)	低　毒	1　(3)	水稻 15　(7)	50%乳油 75～100 克	喷雾 1 次
		0.1　(0.3)	茶叶 15　(10)	50%乳油 150～300 克	喷雾 1 次
		不得检出	蔬菜(不得使用)		
辛硫磷 (phoxim)	低　毒	0.05 (0.05)	小麦、玉米拌种用	50%乳油 0.1～0.2 种子量	拌　种
		0.05 (0.05)	青菜、大白菜、黄瓜,不少于 10 天　(7)	50%乳油 50～100 毫克 (2000～500 倍)	喷雾 1 次
		0.05 (0.05)	苹果 30　(30)	50%乳油 2500～1500 倍	喷雾 1 次
		0.2　(0.5)	茶叶 10　(6)	50%乳油 200～300 克, 1000 倍	喷雾 1 次

农药名称	急性口服毒性	允许的最终残留量(毫克/千克)	最后一次施药距采收间隔期(天)	常用药量克/次·亩或毫升/次·亩或稀释倍数	施药方法及最多使用次数
敌百虫(trichlorphon)	低 毒	0.05 (0.1)	水稻 15 (7)	90%固体 100 克	喷雾 1 次
		0.1 (0.2)	蔬菜 10 (7~8)	90%固体 100 克(1000~500 倍)	喷雾 1 次
		0.1 (0.2)	柑橘 25 (20)	90%固体 1000~500 倍	喷雾 1 次

注:允许的最终残留量括号中数字为国家标准或国际标准,下同;最后一次施药距采收间隔期括号中数字为国家标准或国际标准,下同;1 公顷=15 亩,常用药量可据此进行换算,下同

表 6-2-2　氨基甲酸酯类杀虫剂

农药名称	急性口服毒性	允许的最终残留量(毫克/千克)	最后一次施药距采收间隔期(天)	常用药量克/次·亩或毫升/次·亩或稀释倍数	施药方法及最多使用次数
仲丁威(BPMC)	低 毒	0.1 (0.3)	水稻 30 (21)	50%乳油 80~120 毫升	喷雾 1 次
甲萘威(西维因)(Carbaryl)	中等毒	1 (5)	水稻 40(北)(30)	80%粉剂 1500~2000 克	喷雾 1 次
			水稻 15(南)(10)	25%可湿性粉剂 200~250 克	喷雾 1 次
速灭威(MTMC)	中等毒	0.1 (0.2)	水稻 30 (30)	25%可湿性粉剂 200~300 克	喷雾 1 次
异丙威(叶蝉散)(isoprocarb)	中等毒	0.1 (0.2)	水稻 40 (30)	2%粉剂 1500 克	喷雾 1 次
抗蚜威(pirimicarb)	中等毒	0.5 (1)	大豆 15 (10)	50%可湿性粉剂 10~16 克	喷雾 1 次
		0.5 (1)	叶菜 10 (6)	50%可湿性粉剂 10~30 克	喷雾 1 次
		0.05(0.05,麦粒)	小麦 20 (14)	50%可湿性粉剂 10~20 克	喷雾 1 次
		0.1(0.2,菜籽)	油菜 10 (4)	50%可湿性粉剂 12~20 克	喷雾 1 次

表 6-2-3 菊酯类杀虫剂

农药名称	急性口服毒性	允许的最终残留量(毫克/千克)	最后一次施药距采收间隔期(天)	常用药量克/次·亩或毫升/次·亩或稀释倍数	施药方法及最多使用次数
氯氰菊酯 (cypermethrin)	中等毒	0.5 (1)	叶菜 7 (2～5)	10%乳油 20～30 毫升, 25%12～16 毫升	喷雾 1 次
		0.2 (0.5)	番茄 5 (1)	10%乳油 20～30 毫升	喷雾 1 次
		1 (2)	苹果 30 (21)	10%乳油 4000～2500 倍	喷雾 1 次
		1 (2)	柑橘(桃) 15 (7)	10%乳油 4000～2000 倍	喷雾 1 次
		5 (20)	茶叶 15 (7)	10%乳油 6000～3000 倍	喷雾 1 次
溴氰菊酯 (deltamethrin)	中等毒	0.2 (0.5)	叶菜 7 (2)	2.5%乳油 20～40 毫升	喷雾 1 次
		0.05 (0.1)	苹果 30 (5)	2.5%乳油 2500～1250 倍	喷雾 1 次
		0.05 (0.05)	柑橘 30 (28)	2.5%乳油 2500～1250 倍	喷雾 1 次
		4 (10)	茶叶 15 (5)	2.5%乳油 1500～800 倍	喷雾 1 次
		0.2 (0.5)	小麦 20 (15)	2.5%乳油 10～15 毫升	喷雾 1 次
		0.1 (0.1)	大豆 15 (7)	2.5%乳油 15～25 毫升	喷雾 1 次
氰戊菊酯 (fenvalerate)	中等毒	0.1 (0.2)	小麦 20 (15)	20%乳油 20～35 毫升	喷雾 1 次
		0.1 (0.2)	柑橘 20 (20)	20%乳油 6000～4000 倍	喷雾 1 次
		0.1 (0.2)	苹果 30 (18)	20%乳油 4000～1600 倍	喷雾 1 次
		0.1 (0.2)	茶叶 15 (10)	20%乳油 8000～6000 倍	喷雾 1 次
		0.2 (0.5)	叶菜 10,15 (5,12)	20%乳油 15～40 毫升	喷雾 1 次
		0.1 (0.2)	番茄 10 (3)	20%乳油 30～40 毫升	喷雾 1 次
		0.1 (0.1)	大豆 15 (10)	20%乳油 10～40 毫升	喷雾 1 次

表 6-2-4 其他杀虫剂

农药名称	急性口服毒性	允许的最终残留量(毫克/千克)		最后一次施药距采收间隔期(天)	常用药量克/次·亩或毫升/次·亩或稀释倍数	施药方法及最多使用次数
噻嗪酮(扑虱灵)(buprofezin)	低毒	0.2	(0.3)	水稻 20 (14)	25%可湿性粉剂 25～35 克	喷雾 1 次
定虫隆(抑太保)(chlorfluazuron)	低毒	0.2	(0.5)	甘蓝 12 (7)	5%乳油 40～80 毫升	喷雾 1 次
除虫脲(diflubenzuron)	低毒	0.2	(0.5)	小麦 30 (21)	20%可湿性粉剂 10～20 克	喷雾 1 次
		0.5	(1.0)	苹果 30 (21)	25%可湿性粉剂 2000～1000 倍	喷雾 1 次
灭幼脲(Mie Yu Niao)	低毒	1	(3.0)	小麦 30 (15)	25%悬浮剂 35～50 毫升	喷雾 1 次
杀虫双(Sa Chong Suang)	低毒	0.1(0.2,大米)		水稻 20 (15)	17%水剂 250 克	喷雾 1 次
双甲脒(amitraz)	低毒	0.2	(0.4)	苹果 40 (30)	20%乳油 1000 倍	喷雾 1 次
		0.2	(0.5)	柑橘 30 (21)	20%乳油 1500～1000 倍	喷雾 1 次
噻螨酮(尼索朗)(hexythiazox)	低毒	0.2	(0.5)	苹果 40 (30)	5%可湿性粉剂 2000 倍	喷雾 1 次
		0.2	(0.5)	柑橘 30 (30)	5%乳油 2000～1500 倍	喷雾 1 次
克螨特(propargite)	低毒	2	(5)	苹果 40 (30)	73%乳油 3000～2000 倍	喷雾 1 次
		1	(3)	柑橘 30 (30)	73%乳油 3000～2000 倍	喷雾 1 次

表 6-2-5 有机硫杀菌剂

农药名称	急性口服毒性	允许的最终残留量（毫克/千克）	最后一次施药距采收间隔期（天）	常用药量克/次·亩或毫升/次·亩或稀释倍数	施药方法及最多使用次数
福美双（卫福）（thiram）	低毒	0.2(0.2,麦粒)	春小麦播种前拌种	75%卫福可湿性粉剂,含福美双37.5%(萎锈灵37.5%),2.5%～2.8克/千克种子	拌种

表 6-2-6 取代苯类杀菌剂

农药名称	急性口服毒性	允许的最终残留量（毫克/千克）	最后一次施药距采收间隔期（天）	常用药量克/次·亩或毫升/次·亩或稀释倍数	施药方法及最多使用次数
百菌清（chlorothlonil）	低毒	0.2　(0.2)	水稻 15　(10)	75%可湿性粉剂 100 克	喷雾 1 次
		1　(1)	番茄 30　(23)	75%可湿性粉剂 100～200 克	喷雾 1 次
		0.1(0.1,花生仁)	花生 20　(14)	75%可湿性粉剂 100～160 克	喷雾 1 次
		1　(1)	苹果 30　(20)	75%可湿性粉剂 600 倍	喷雾 1 次
		1　(1)	梨 30　(25)	75%可湿性粉剂 600 倍	喷雾 1 次
		1　(1)	葡萄 30　(21)	75%可湿性粉剂 600 倍	喷雾 1 次
甲霜灵（瑞毒霉）（matalaxyl）	低毒	0.2　(0.5)	黄瓜	50%可湿性粉剂(甲霜锰锌)75～120 克	喷雾 1 次
		0.05　(0.05)	谷子拌种	100 千克种子用 35%拌种剂 200～300 克	干拌或湿拌
甲基硫菌灵（thiophanate-methyl）	低毒	0.1(0.1,糯米)	水稻 35　(30)	50%悬浮剂 100～150 毫升	喷雾 1 次
				70%可湿性粉剂 100～140 克	喷雾 1 次
				70%可湿性粉剂 70～100 克	喷雾 1 次
		0.1(0.1,麦粒)	小麦 35　(30)	50%悬浮剂 100～150 毫升	喷雾 1 次

表 6-2-7　杂环类杀菌剂

农药名称	急性口服毒性	允许的最终残留量（毫克/千克）	最后一次施药距采收间隔期（天）	常用药量克/次·亩或毫升/次·亩或稀释倍数	施药方法及最多使用次数
多菌灵 (carbendazim)	低　毒	0.2(0.5,糙米)	水稻 35（30）	50%可湿性粉剂 50 克	喷雾 1 次
		0.2(0.5,麦粒)	小麦 25（20）	50%可湿性粉剂 75～150 克	喷雾 1 次
		0.2　(0.5)	黄瓜 10　（7）	25%可湿性粉剂 1000～500 倍	喷雾 1 次
萎锈灵 (carboxin)	低　毒	0.2(0.2,麦粒)	春小麦播种前拌种	75%卫福可湿性粉剂(含萎锈灵 37.5%,福美双 37.5%),2.5～2.8 克/千克种子	拌　种
恶霉灵 (土菌消) (hymexazol)	低　毒	0.5(0.5,糙米) 0.5(0.5,甜菜根)	用于水稻苗床处理或水稻、甜菜种子处理	30%水剂 3～6 毫升/平方米苗床,70%可湿性粉剂 4～7 克/千克种子	未插秧田播种前至苗期,拌种
异菌脲 (扑海因) (iprodione)	低　毒	10（10,香蕉)	浸种	25%悬浮剂 1500ppm	浸种 2 分钟后捞出晾干贮存
		2　　　(10)	苹果 20　（7）	50%可湿性粉剂 1500～1000 倍	喷雾 1 次
		0.2(0.2,油菜籽)	油菜 50（50）	25%悬浮剂 140～200 毫升	喷雾 1 次
稻瘟灵 (富士 1 号) (isoprothiolane)	低　毒	1(2,糙米)	早稻 20（14）	40%乳油或可湿性粉剂 70～100 克	喷雾 1 次
			晚稻 35（28）		喷雾 1 次
腐霉利 (二甲菌核利) (procymidone)	低　毒	1（2,油菜籽）	油菜 30（25）	50%可湿性粉剂 30～50 克	喷雾 1 次
		1　　　(2)	黄瓜 5　（1）	50%可湿性粉剂 40～50 克	喷雾 1 次

农药名称	急性口服毒性	允许的最终残留量（毫克/千克）	最后一次施药距采收间隔期（天）	常用药量克/次·亩或毫升/次·亩或稀释倍数	施药方法及最多使用次数
噻菌灵（特克多）(thiabendazole)	低毒	10（10，柑橘）	浸果	45%悬浮剂 450 倍	浸泡 1 分钟取出晾干贮存
		0.4(0.4,香蕉果肉)	浸果	45%悬浮剂 900～600 倍	
三唑酮（粉锈宁）(triadimefon)	低毒	0.2(0.5,麦粒)	小麦 40 (30)	25%可湿性粉剂 35～60 克	喷雾 1 次
		0.1 (0.2)	苹果、辣椒、番茄		
		0.1 (0.2)	葡萄	20%可湿性粉剂 1000～500 倍	喷雾 1 次
		0.1 (0.2)	黄瓜 7～10 (5)		
三环唑（克瘟唑）(tricyclazole)	中等毒	1(2,糙米)	水稻 30 (21)	70%可湿性粉剂 20～30 克	喷雾 1 次

表 6-2-8 苯氧羧酸除草剂

农药名称	急性口服毒性	允许的最终残留量（毫克/千克）	最后一次施药距采收间隔期（天）	常用药量克/次·亩或毫升/次·亩或稀释倍数	施药方法及最多使用次数
禾草灵 (diclofop-methyl)	低毒	0.1(麦粒)	野燕麦 3～5 叶期	35%乳油 130～170 毫升	喷雾 1 次
		0.1(甜菜根)	杂草 2～4 叶期喷施	35%乳油 130～200 毫升	喷雾 1 次
吡氟禾草灵（稳杀得）(fluazifop-butyl)	低毒	1（大豆籽粒）	作物苗期杂草 3～5 叶期喷施	35%乳油 30～100 毫升	喷雾 1 次
		1(花生仁)		35%乳油 50～100 毫升	喷雾 1 次

续表 6-2-8

农药名称	急性口服毒性	允许的最终残留量(毫克/千克)	最后一次施药距采收间隔期(天)	常用药量克/次·亩或毫升/次·亩或稀释倍数	施药方法及最多使用次数
精吡氟禾草灵（精稳杀得）(fluazifop-p-butyl)	低 毒	0.1(大豆籽粒)	作物苗期、杂草 3～5 叶期喷施	15%乳油 50～65 毫升	喷雾 1 次
		0.1（花生仁）	花生苗期、杂草 1～4 叶期喷施	15%乳油 50～100 毫升	喷雾 1 次
		0.1（油菜籽）	油菜苗期、杂草 3～5 叶期喷施	15%乳油 30～40 毫升	喷雾 1 次
		0.1(甜菜)		15%乳油 50～65 毫升	喷雾 1 次
喹禾灵（禾草克）(quizalotop-ethye)	低 毒	0.2(大豆籽粒)	大豆 1～4 片复叶期	10%乳油 65～85 毫升	喷雾 1 次
		0.2（甜菜根）	甜菜 4～5 叶期	10%乳油 65～85 毫升	喷雾 1 次

注：除草剂表格中允许的最终残留量与我国使用的最大残留限量值相同

表 6-2-9 苯甲酸类除草剂

农药名称	急性口服毒性	允许的最终残留量(毫克/千克)	最后一次施药距采收间隔期(天)	常用药量克/次·亩或毫升/次·亩或稀释倍数	施药方法及最多使用次数
麦草畏（百草敌）(dicamba)	低 毒	0.5(麦粒)	小麦 3 叶期至分蘖末期	48%水剂 20～25 毫升	喷雾 1 次
		0.5(玉米)	玉米 4～6 叶期	48%水剂 25～40 毫升	喷雾 1 次

表 6-2-10　二苯醚除草剂

农药名称	急性口服毒性	允许的最终残留量(毫克/千克)	最后一次施药距采收间隔期(天)	常用药量克/次·亩或毫升/次·亩或稀释倍数	施药方法及最多使用次数
三氟羧草醚(杂草焚、达克尔)(acifluorfen sodium)	低　毒	0.1(大豆籽粒)	大豆、花生地防除阔叶杂草,大豆播后杂草1~4叶期喷施	24%水剂60~100毫升	喷雾1次
氟磺胺草醚(虎威、除豆莠)(fomesafen)	低　毒	0.05(大豆籽粒)	大豆苗后1~3复叶,杂草2~5叶期	25%水剂65~130毫升	喷雾1次
乙氧氟草醚(果尔)(oxyiluorfen)	低　毒	0.05(糙米)	水稻插秧后5~7天,拌细土10~15千克撒施	23.5%乳油10~35毫升	撒施1次

表 6-2-11　酰胺类除草剂

农药名称	急性口服毒性	允许的最终残留量(毫克/千克)	最后一次施药距采收间隔期(天)	常用药量克/次·亩或毫升/次·亩或稀释倍数	施药方法及最多使用次数
丁草胺(马歇特)(butachlor)	低　毒	0.5(糙米)	水稻插秧前2~3天或插秧后4~5天	60%乳油85~140毫升 5%颗粒剂1000~1600克	喷雾或撒毒土
异丙甲草胺(都尔)(melo lachlor)	低　毒	0.1(大豆籽粒)	大豆芽前土壤喷施1次,避免在多雨、沙性及地下水位高地区使用。	72%乳油25~75克	喷雾1次
		0.5(花生仁)	花生播前或播后苗前土壤喷雾	72%乳油100~150毫升	

· 66 ·

表 6-2-12　氨基甲酸酯及硫代氨基甲酸酯除草剂

农药名称	急性口服毒性	允许的最终残留量（毫克/千克）	最后一次施药距采收间隔期（天）	常用药量克/次·亩或毫升/次·亩或稀释倍数	施药方法及最多使用次数
禾草丹（杀草丹）(thiobencarb)	低　毒	0.2(糙米)	秧田 1 次或水稻播前或插秧后 5～7 天喷雾或毒土 1 次	50%乳油 330～500 毫升 高禾草丹 90%乳油 150～220 毫升	喷雾 1 次 喷雾 1 次
野麦畏（阿畏达）(Triallate)	低　毒	0.05(麦粒)	春小麦播种前 5～7 天喷雾或毒土 1 次	40%乳油 150～200 毫升	喷雾 1 次
灭草猛（卫农）(Vernolate)	低　毒	0.1(大豆籽粒)	播种前土壤施 1 次，覆土 5～7 厘米	88.5%乳油 170～225 毫升	喷雾 1 次

表 6-2-13　三氮苯类除草剂

农药名称	急性口服毒性	允许的最终残留量（毫克/千克）	最后一次施药距采收间隔期（天）	常用药量克/次·亩或毫升/次·亩或稀释倍数	施药方法及最多使用次数
嗪草酮(metribuzin)	低　毒	0.1(大豆籽粒)	播前或播后苗前土壤喷施	70%可湿性粉剂 25～75 克	喷雾 1 次
西草净(Simetryne)	低　毒	0.02(糙米)	播后苗前土壤处理	25%可湿性粉剂 100～200 克	喷雾或毒土法施药 1 次

表 6-2-14　磺酰脲类除草剂

农药名称	急性口服毒性	允许的最终残留量（毫克/千克）	最后一次施药距采收间隔期（天）	常用药量克/次·亩或毫升/次·亩或稀释倍数	施药方法及最多使用次数
苄嘧磺隆（农得时，londax）(bensulfuron-methyl)	低　毒	0.02(糙米)	插秧后 5～7 天施药，保水 1 周	10%可湿性粉剂 13～25 克	喷雾 1 次

表 6-2-15 其他除草剂

农药名称	急性口服毒性	允许的最终残留量（毫克/千克）	最后一次施药距采收间隔期（天）	常用药量克/次·亩或毫升/次·亩或稀释倍数	施药方法及最多使用次数
百草枯（克芜踪）（paraquat）	中等毒	1(柑橘,全果)	杂草生长旺盛时,压低地面喷施,避免喷到橘树上	20%水剂 200～300 毫升	喷雾 1 次
稀禾定（拿捕净）（sethaxydim）	低 毒	2(大豆籽粒)2(花生仁)	作物苗期,一年生禾本科杂草3～5 叶期喷施	20%乳油 60～100 毫升,12.5%机油乳剂65～100 毫升	喷雾 1 次喷雾 1 次
		1(油菜籽、亚麻)		20%乳油 65～120 毫升	喷雾 1 次
		5(棉籽)		20%乳油 85～100 毫升	喷雾 1 次
		0.5(甜菜)		20%乳油 100～150 毫升	喷雾 1 次
二甲戊乐灵（除草通）（pendimethalin）	低 毒	0.1(玉米籽粒)	玉米播后或苗前 5 天土壤喷雾	33%乳油 150～200 毫升	喷雾 1 次
		0.2(叶菜)	叶菜移栽前土壤喷雾	33%乳油 100～150 毫升	喷雾 1 次
		(花生)	花生播后苗前喷施		
氟乐灵（trifluralin）	低 毒	0.01(玉米籽粒)	玉米、大豆播种前土壤喷施,后耙匀	48%乳油 75～100 毫升	喷雾 1 次
		0.01(大豆籽粒)		48%乳油 125～175 毫升	喷雾 1 次
灭草松（苯达松）（bentazone）	低 毒	0.05(糙米)	水稻插秧后20～30 天杂草3～5 叶期田间排水后喷施 1 次,防治一年生阔叶杂草及莎草	48%液剂 150～200 毫升	喷雾 1 次
		0.05(大豆籽粒)	大豆 2～3 片复叶时喷施 1 次	48%液剂 160～200 毫升	喷雾 1 次

农药名称	急性口服毒性	允许的最终残留量（毫克/千克）	最后一次施药距采收间隔期（天）	常用药量克/次·亩或毫升/次·亩或稀释倍数	施药方法及最多使用次数
恶草酮（恶草灵、农思它）（oxadiazon）	低 毒	0.05(糙米)0.2(稻草)0.3(花生仁)	播后返青施用苗前喷施	25%乳油,北方旱直播165～230毫升,南方插秧田65～100毫升25%乳油100～150毫升	喷雾1次喷雾1次
普杀特（pursuit）（imazethaphr）	低 毒	(大豆籽粒)	大豆播种前进行混土处理,播后苗前或苗后早期土壤处理	5%水剂100～134毫升	喷雾1次
燕麦枯（野燕枯）（difenzoquat）	中等毒	0.05(麦粒)	野燕麦3～5叶期喷施1次	64%可湿性粉剂75～150克,对水50升	喷雾1次

注：本标准由中国绿色食品发展中心制定

三、各种蔬菜安全使用农药的标准

  根据宋明等于 2003 年编著的《绿色蔬菜生产技术》中，摘录我国国家标准及农牧渔业部发布的有关规定，对我国蔬菜安全使用农药的标准或规定，分别摘录如下。

（一）GB 4285—1989 安全使用农药的标准

表 6-3　各种蔬菜安全使用农药标准　（GB 4285－1989）

蔬菜名称	农药	剂型	每公顷常用药量或稀释倍数	每公顷最高用药量或稀释倍数	施药方法	最多用药次数	最后一次施药距收获的天数（安全间隔期）	实施说明
不结球白菜	乐果	40%乳油	750克2000倍液	1500毫升800倍液	喷雾	6	不少于7天	秋冬季间隔期8天
	敌百虫	90%固体	1500毫升1000～2000倍液	3000毫升500倍液	喷雾	5	不少于5天	冬季间隔期7天
	乙酰甲胺磷	40%乳油	1875毫升1000倍液	3750毫升500倍液	喷雾	2	不少于7天	秋冬季间隔期9天
	二氯苯醚菊酯	10%乳油	90毫升10000倍液	360毫升2500倍液	喷雾	3	不少于2天	
	辛硫磷	50%乳油	750毫升2000倍液	1500毫升1000倍液	喷雾	2	不少于6天	每隔7天喷1次
	氰戊菊酯	20%乳油	150毫升2000倍液	300毫升1000倍液	喷雾	3	不少于5天	每隔7～10天喷1次
结球白菜	乐果	40%乳油	750毫升2000倍液	1500毫升800倍液	喷雾	4	不少于10天	
	敌百虫	90%固体	1500克1000倍液	1500克500倍液	喷雾	5	不少于7天	秋冬季间隔期8天
	敌敌畏	60%乳剂	1500毫升1000～2000倍液	3000毫升500倍液	喷雾	5	不少于5天	冬季间隔期7天
	乙酰甲胺磷	40%乳油	1875毫升1000倍液	3750毫升500倍液	喷雾	2	不少于7天	秋冬季间隔期9天
	二氯苯醚菊酯	10%乳油	90毫升10000倍液	360毫升2500倍液	喷雾	3	不少于2天	
	辛硫磷	50%乳油	750毫升1000倍液	1500毫升500倍液	喷雾	3	不少于6天	

蔬菜名称	农药	剂型	每公顷常用药量或稀释倍数	每公顷最高用药量或稀释倍数	施药方法	最多用药次数	最后一次施药离收获的天数（安全间隔期）	实施说明
甘蓝	氰戊菊酯	20%乳油	300毫升 4000倍液	600毫升 2000倍液	喷雾	3	不少于5天	每隔8天喷1次
	辛硫磷	50%乳油	750毫升 1500倍液	1125毫升 1000倍液	喷雾	4	不少于5天	每隔7天喷1次
	氯氰菊酯	10%乳油	120毫升 4000倍液	240毫升 2000倍液	喷雾	4	不少于7天	每隔8天喷1次
豆类	乐果	40%乳油	750毫升 2000倍液	1500毫升 800倍液	喷雾	5	不少于5天	夏季豇豆、四季豆间隔期3天
	喹硫磷	25%乳油	1500毫升 800倍液	2400毫升 500倍液	喷雾	3	不少于7天	
萝卜	乐果	40%乳油	750毫升 2000倍液	1500毫升 800倍液	喷雾	6	不少于5天	叶若供食用，间隔期9天
	溴氰菊酯	2.5%乳油	150毫升 2500倍液	300毫升 1250倍液	喷雾	1	不少于10天	
	氰戊菊酯	20%乳油	450毫升或 2500倍液	750毫升 1500倍液	喷雾	2	不少于21天	
	二氯苯醚菊酯	10%乳油	375毫升 2000倍液	750毫升 1000倍液	喷雾	3	不少于14天	
黄瓜	乐果	40%乳油	750毫升 2000倍液	1500毫升 800倍液	喷雾		不少于2天	施药次数按防治要求而定
	百菌清	75%可湿性粉剂	1500克 600倍液	1500克 600倍液	喷雾	3	不少于10天	结瓜前使用
	粉锈宁	15%可湿性粉剂	750克 1500倍液	1500克 750倍液	喷雾	2	不少于3天	

蔬菜名称	农药	剂型	每公顷常用药量或稀释倍数	每公顷最高用药量或稀释倍数	施药方法	最多用药次数	最后一次施药离收获的天数（安全间隔期）	实施说明
黄瓜	粉锈宁	20%可湿性粉剂	450克 3300倍液	900克 1700倍液	喷雾	2	不少于3天	
	多菌灵	25%可湿性粉剂	750克 1000倍液	1500克 500倍液	喷雾	2	不少于5天	
	溴氰菊酯	2.5%乳油	450毫升 3300倍液	900毫升 1650倍液	喷雾	2	不少于3天	
	辛硫磷	50%乳油	750毫升 2000倍液	750毫升 2000倍液	喷雾	3	不少于3天	
番茄	氰戊菊酯	20%乳油	450毫升 3300倍液	600毫升 2500倍液	喷雾	3	不少于3天	
	百菌清	75%可湿性粉剂	1500克 600倍液	1800克 500倍液	喷雾	6	不少于23天	每隔7~10天喷1次
茄子	三氯杀螨醇	20%乳油	450毫升 1600倍液	900毫升 800倍液	喷雾	3	不少于5天	
辣椒	喹硫磷	25%乳油	600毫升 1500倍液	900毫升 1000倍液	喷雾	2	不少于5天(青椒)	红辣椒安全间隔期不少于10天
洋葱	辛硫磷	50%乳油	3750毫升 2000倍液	7500毫升 1000倍液	垄底浇灌	1	不少于17天	洋葱采种期使用
	喹硫磷	25%乳油	3000毫升 2500倍液	6000毫升 1000倍液	垄底浇灌	1	不少于17天	洋葱采种期使用
大葱	辛硫磷	50%乳油	7500毫升 2000倍液	11250毫升 1000倍液	行中浇灌	1	不少于17天	
	喹硫磷	25%乳油	1500毫升 2500倍液	6000毫升 700倍液	垄底浇灌	1	不少于17天	
韭菜	辛硫磷	50%乳油	7500毫升 800倍液	11250毫升 500倍液	浇施灌根	2	不少于10天	浇于根际土中

(二)中华人民共和国农牧渔业部 1986-08-15 发布

农药安全使用指南

表 6-4　农药安全使用指南

作物	农药	剂型	每公顷常用药量或稀释倍数	每公顷最高用药量或稀释倍数	施药方法	最多使用次数	最后一次施药距收获的天数(安全间隔期)	FAC/WHO规定的最高残留限量(MRL值)(毫克/千克)	实施说明
叶菜	氯氰菊酯	10%乳油	375 毫升	750 毫升	喷雾	3	2～5 天	1	适用于南方青菜和北方大白菜
	溴氰菊酯	2.5%乳油	300 毫升	600 毫升	喷雾	3	2 天	0.2	适用于南方青菜和北方大白菜
	氰戊菊酯	20%乳油	225～375 毫升	600 毫升	喷雾	3	夏季青菜 5 天,秋、冬季青菜、大白菜 12 天	1	适用于南方青菜和北方大白菜
	喹硫磷	25%乳油	900 毫升	1500 毫升	喷雾	1～2	喷 1 次为 9 天,喷 2 次为 24 天	建议甘蓝、大白菜为 0.2	适用于甘蓝和大白菜
	抗蚜威	50%可湿性粉剂	375 克	750 克	喷雾	1～3	喷 1 次为 6 天,喷 3 次为 11 天	1	适用于甘蓝
番茄	氯氰菊酯	10%乳油	375 毫升	750 毫升	喷雾	2	1 天	0.5	

（三）GB 8321.2—1987 农药合理使用准则

表 6-5　农药合理使用准则

作物	农药	剂型	常用药量克/(次·公顷)或毫升/(次·公顷)或稀释倍数(制剂)	最高用药量克/(次·公顷)或毫升/(次·公顷)或稀释倍数(制剂)	施药方法	最多使用次数(每季作物)	最后一次施药距收获的天数(安全间隔期)	实施说明	最高残留限量(MRL)参照值(毫克/千克)
黄瓜	甲霜灵锰锌	58%可湿性粉剂	1125 克	1800 克	喷雾	3	1	—	0.5
叶	毒死蜱	40.7%乳油	750 毫升	1125 毫升	喷雾	3	7	—	甘蓝中 1
菜	伏杀硫磷	35%乳油	1950 毫升	2850 毫升	喷雾	2	7	—	甘蓝中 1
番茄	百菌清	75%可湿性粉剂	2175 克	4050 克	喷雾	3	7	—	5

（四）GB 8321.3—1989 农药合理使用准则

表 6-6　农药合理使用准则

作物	农药	剂型	常用药量克/(次·公顷)或毫升/(次·公顷)或稀释倍液(制剂)	最高用药量克/(次·公顷)或毫升/(次·公顷)或稀释倍数(制剂)	施药方法	最多使用次数(每季作物)	最后一次施药距收获的天数(安全间隔期)	实施要点说明	最高残留限量(MRL)参照值(毫克/千克)
叶	氯氰菊酯	25%乳油	180 毫升	240 毫升	喷雾	3	3		1
	来福灵	5%乳油	150 毫升	300 毫升	喷雾	3	3		2
	甲氰菊酯	20%乳油	375 毫升	450 毫升	喷雾	3	3		0.5
菜	马扑立克(氯胺菊酯)	10%乳油	375 毫升	750 毫升	喷雾	3	7		1

作物	农药	剂型	常用药量克/(次·公顷)或毫升/(次·公顷)或稀释倍液(制剂)	最高用药量克/(次·公顷)或毫升/(次·公顷)或稀释倍数(制剂)	施药方法	最多使用次数(每季作物)	最后一次施药距收获的天数(安全间隔期)	实施要点说明	最高残留限量(MRL)参照值(毫克/千克)
叶 菜	顺式氯氰菊酯	10%乳油	75毫升	150毫升	喷雾	3	3	适用于大白菜和小白菜	
	功夫	2.5%乳油	375毫升	750毫升	喷雾	3	7		0.2
	氯氰菊酯	25%乳油	180毫升	240毫升	喷雾	3	3		1
	来福灵	5%乳油	150毫升	300毫升	喷雾	3	3		2
	甲氰菊酯	20%乳油	375毫升	450毫升	喷雾	3	3		0.5
	马扑立克(氟胺氰菊酯)	10%乳油	375毫升	750毫升	喷雾	3	7		1
番 茄	联苯菊酯(天王星)	10%乳油	75毫升	150毫升	喷雾	3	4		0.5
	托尔克(苯丁锡)	50%可湿性粉剂	300克	600克	喷雾	2	7		1
黄 瓜	顺式氯氰菊酯	10%乳油	75毫升	150毫升	喷雾	2	3		0.2
	琥胶肥酸铜(DT)	30%胶悬剂	2250毫升	4500毫升	喷雾	4	3		5

四、农药最大残留量

根据张真和等按国家标准整理出无公害蔬菜农药最大残

留的国家标准列表如下。

表 6-7 农药残留国家标准 （单位：毫克/千克）

国家标准	通用名称	英 文 名	商 品 名	作物	最 高 残留 限 量
GB2763—81	滴滴涕	DDT	—	蔬菜	≤0.1
	六六六	BHC	—	蔬菜	≤0.2
GB4798—94	甲拌磷	Phorate	三九一一	蔬菜	不得检出
	杀螟硫磷	Fenitrothion	杀螟松	蔬菜	≤0.5
	倍硫磷	Fenthion	百治屠	蔬菜	≤0.05
GB5127—1998	敌敌畏	Bichlorvos	—	蔬菜	≤0.2
	乐果	Bimethoate	—	蔬菜	≤1.0
	马拉硫磷	Malathion	马拉松	蔬菜	不得检出
	对硫磷	Parathion	一六〇五	蔬菜	不得检出
GB14868—94	辛硫磷	Phoxion	肟硫磷	蔬菜	≤0.05
GB14869—94	百菌清	Chlorothalonil	Danconil 2787	蔬菜	≤1.0
GB14870—94	多菌灵	Carbendaxin	苯并咪唑 44 号	蔬菜	≤0.5
GB14871—94	二氯苯醚菊酯	Permetthrin	氯菊酯、除虫精	蔬菜	≤1.0
GB14872—94	乙酰甲胺磷	Acephate	高灭磷	蔬菜	≤0.2
GB14928.1—94	地亚农	Biazinan	二嗪磷、二嗪农	蔬菜	≤0.5
GB14928.2—94	抗蚜威	Pirimicarb	辟蚜雾	蔬菜	≤1.0
GB14928.4—94	溴氰菊酯	Deltamethrim	敌杀死、凯素灵	叶菜	≤0.5
				果菜	≤0.2
GB14928.5—94	氰戊菊酯	Fenvalerate	速灭杀丁	果菜	≤0.5
				叶菜	≤0.2
GB14928.10—94	喹硫磷	Ouinalphos	爱卡士	蔬菜	≤0.2

国家标准	通用名称	英文名	商品名	作物	最高残留限量
GB14970—94	噻嗪酮	Buprofezin	优乐得	蔬菜	≤0.3
GB14971—94	西维因	Carbaryl	甲萘威、胺甲萘	蔬菜	≤2.0
GB14972—94	粉锈宁	Triadimefon	三唑酮、百理通	蔬菜	≤0.2
GB15194—94	敌菌灵				≤10
	2,4-D			蔬菜	≤0.2
	氟氰菊酯	Flucythrinate	保好鸿、氟氰戊菊酯	蔬菜	≤0.2
	五氯硝基苯	Quintozene		蔬菜	≤0.2
	乙烯菌核利			蔬菜	≤5
GB15195—94	灭幼脲		灭幼脲三号	蔬菜	≤3
GB16319—1996	敌百虫	Trichlorphon		蔬菜	≤0.1
GB16320—1996	亚胺硫磷	Phosmet		蔬菜	≤0.5
GB16333—1996	双甲脒			果菜	0.5
	毒死蜱		乐斯本、氯吡硫磷	叶菜	1
	三氟氯氰菊酯 功夫、PP321			叶菜	0.2
				果菜	0.5
	异菌脲			果菜	5
	代森锰锌			果菜	0.5
	甲霜灵			果菜	0.5
	灭多威			甘蓝	2
	伏杀硫磷			叶菜	1

国家标准	通用名称	英 文 名	商 品 名	作物	最高残留限量
GB16333—1996	腐霉剂			果菜	2
	克螨特			叶菜	2
	甲胺磷	Methamido-phos		蔬菜	不得检出
	久效磷	Monocroto-phos	纽瓦克	蔬菜	不得检出
	氧化乐果	Omethoate		蔬菜	不得检出
	克百威	Carbofuran	呋喃丹	蔬菜	不得检出
	涕灭威	Aldicarb	铁灭克	蔬菜	不得检出
	氯氰菊酯	Cypermethrim	灭百可、兴梯宝	番茄	0.5
			赛波凯、安绿宝	块根	0.05
				叶菜	1.0
	顺式氯氰菊酯	Alphacyper-methrin	快杀敌、高效安绿宝、高效灭百可	蔬菜	0.2
				黄瓜	0.2
				叶菜	1.0
	联苯菊酯	Biphenthrin	天王星、虫螨灵	番茄	0.5
	顺式氰戊菊酯	Esfenvaerate	来福灵、双爱士	叶菜	2.0
	甲氰菊酯	Fenpropathrin	灭扫利	叶菜	0.5
	氟胺氰菊酯	Fluvalinale	马扑立克	叶菜	1.0
	除虫脲	Diflubenzuron	敌灭灵、敌百灵	叶菜	20.0

第七章 环保型蔬菜生产
肥料的使用标准

环保型蔬菜生产中,有机蔬菜应禁止使用人工合成的化肥,为发展生态型农业,提倡使用有机肥料、生物肥料和限量使用部分未经人工合成或深加工的矿质肥料。绿色蔬菜及无公害蔬菜也应提倡使用有机肥料及生物肥料,但允许按绿色食品或无公害食品的标准,使用人工合成的化肥。环保型蔬菜生产使用肥料都应按需使用,应根据蔬菜作物生长发育的需要、预计蔬菜的产量、土壤中原有的营养成分,用测土施肥或平衡施肥的原则,补充各种营养成分,防止施肥过量而造成污染土壤、污染地下水、污染环境及污染产品。

环保型蔬菜生产为减少对环境和蔬菜的污染,施肥时期应以基肥为主,追肥为辅;施肥种类应以有机肥料为主,辅以其他肥料。限量允许使用化肥的绿色蔬菜及无公害蔬菜,在使用化肥时,应以复合肥为主,单元素的化肥为辅。现将环保型蔬菜生产时各类蔬菜的需肥量及各种肥料的性质及使用方法等分述如下。

一、各类蔬菜的需肥量

多数蔬菜是以根、茎、叶等营养器官为产品,产量高、生长周期短、复种指数高、每年从土壤中带走的各种营养元素多。根据《Knott's Handbook for vegetable Growers》(1980)蔬菜植株取样分析(表 7-1)及奚振邦 1996 年蔬菜植株中养分与稻麦植株养分含量比较(表7-2),可以明显地看到蔬菜作物植株中养分含量明显高于粮食作物。中国自古以来对蔬菜与粮食作物需肥量的比较称"一亩园,十亩田",即种一亩蔬菜的肥料,可以种十亩的粮食。

表7-1 蔬菜植株取样时间、部位和营养含量的分析

种 类	取样时间	取样部位	营养成分	含 量	
				缺 乏	充 足
石刁柏	生长中期	新生茎顶端约10厘米	N (ppm)	100	500
			P (ppm)	800	1600
			K (%)	1	3
矮生菜豆	初花期	自上至下第四叶叶柄	N (ppm)	1000	2000
			P (ppm)	800	2000
			K (%)	2	4
矮生菜豆	生长中期	自上至下第四叶叶柄	N (ppm)	2000	4000
			P (ppm)	1000	3000
			K (%)	3	5
绿菜花	生长中期	幼株成熟叶片中脉	N (ppm)	7000	10000
			P (ppm)	2500	5000
			K (%)	3	5
绿菜花	第一批花球	幼株成熟叶片中脉	N (ppm)	5000	9000
			P (ppm)	2000	4000
			K (%)	2	4
抱子甘蓝	生长中期	幼株成熟叶片中脉	N (ppm)	5000	9000
			P (ppm)	2000	3500
			K (%)	3	5

种 类	取样时间	取样部位	营养成分	含　　量	
				缺　乏	充　足
抱子甘蓝	生长后期	幼株成熟叶片中脉	N（ppm）	2000	4000
			P（ppm）	1000	3000
			K（%）	2	4
甘　蓝	结球期	包叶中肋	N（ppm）	5000	9000
			P（ppm）	2500	3500
			K（%）	2	4
硬皮甜瓜	生长初期（倒蔓时）	自顶端而下第六叶叶柄	N（ppm）	8000	12000
			P（ppm）	2000	4000
			K（%）	4	6
硬皮甜瓜	结果初期	自顶端而下第六叶叶柄	N（ppm）	5000	9000
			P（ppm）	1500	2500
			K（%）	3	6
硬皮甜瓜	第一批果实成熟期	自顶端而下第六叶叶柄	N（ppm）	2000	4000
			P（ppm）	1000	2000
			K（%）	2	4
胡萝卜	生长中期	幼株成熟叶片中脉	N（ppm）	5000	10000
			P（ppm）	2000	4000
			K（%）	4	6
花椰菜	花球形成初期	幼株成熟叶片中脉	N（ppm）	5000	9000
			P（ppm）	2500	3500
			K（%）	2	4
芹　菜	生长中期	充分开展的幼叶叶柄	N（ppm）	5000	9000
			P（ppm）	2000	4000
			K（%）	4	7

种 类	取样时间	取样部位	营养成分	含 量	
				缺 乏	充 足
芹 菜	接近成熟期	充分开展的幼叶叶柄	N （ppm）	4000	6000
			P （ppm）	2000	4000
			K （%）	3	5
盐渍黄瓜	坐果初期	自上而下第六叶叶柄	N （ppm）	5000	9000
			P （ppm）	1500	2500
			K （%）	3	5
结球莴苣	结球期	包叶中脉	N （ppm）	4000	8000
			P （ppm）	2000	4000
			K （%）	2	4
辣 椒	生长初期	幼株成熟叶片中脉	N （ppm）	5000	7000
			P （ppm）	2000	3000
			K （%）	4	6
辣 椒	坐果初期	幼株成熟叶片中脉	N （ppm）	1000	2000
			P （ppm）	1500	2500
			K （%）	3	5
甜 椒	生长初期	幼株成熟叶片中脉	N （ppm）	8000	12000
			P （ppm）	2000	4000
			K （%）	4	6
甜 椒	坐果初期	幼株成熟叶片中脉	N （ppm）	3000	5000
			P （ppm）	1500	2500
			K （%）	3	5

种 类	取样时间	取样部位	营养成分	含 量	
				缺 乏	充 足
马铃薯	生长初期	自顶端而下第四叶柄	N （ppm）	8000	12000
			P （ppm）	1200	2000
			K （%）	9	11
马铃薯	生长中期	自顶端而下第四叶柄	N （ppm）	6000	9000
			P （ppm）	800	1600
			K （%）	7	9
马铃薯	生长后期	自顶端而下第四叶柄	N （ppm）	3000	5000
			P （ppm）	500	1000
			K （%）	4	6
菠 菜	生长中期	幼株成熟叶柄	N （ppm）	4000	8000
			P （ppm）	500	1000
			K （%）	4	6
甜玉米	穗状雄花期	初生果穗上第一叶中脉	N （ppm）	500	1500
			P （ppm）	500	1000
			K （%）	2	4
番 茄	初花期	自顶端向下第四叶柄	N （ppm）	8000	12000
			P （ppm）	2000	3000
			K （%）	3	6
番 茄	果实直径2～5厘米时	自顶端向下第四叶柄	N （ppm）	6000	10000
			P （ppm）	2000	3000
			K （%）	2	4

种 类	取样时间	取样部位	营养成分	含 量	
				缺 乏	充 足
番 茄	变色期	自顶端向下第四叶柄	N （ppm）	2000	4000
			P （ppm）	2000	3000
			K （%）	1	3
西 瓜	幼果期	自顶端向下第六叶柄	N （ppm）	5000	9000
			P （ppm）	1500	2500
			K （%）	3	5

注:1. 引自《Knot's Handbook for vegetable Growers》1980

2. 表中 N 为氮,P 为磷,K 为钾

3. 表中 ppm 为毫克/千克

表 7-2　收获期蔬菜与稻麦植株中养分含量的比较

（单位:干重　%）

作　物	样本数	茎(秆)叶			籽实或可食器官		
		氮	磷	钾	氮	磷	钾
大　麦	22	0.435	0.055	1.36	1.56	0.238	0.530
小　麦	8	0.313	0.034	0.90	1.75	0.371	0.365
水　稻	8	0.521	0.037	1.53	1.20	0.202	0.332
平　均		0.419	0.059	1.28	1.50	0.272	0.409
蔬　菜 (10 种平均)	38	2.69	0.418	2.07	3.06	0.406	2.83
相对%	稻麦(平均)	100	100	100	100	100	100
	蔬菜(平均)	652	708	232	204	149	691

注:10 种蔬菜为萝卜、莴苣、芹菜、白菜、甘蓝、花椰菜、番茄、马铃薯、甜椒和黄瓜

资料来源:奚振邦,1996

蔬菜种类繁多,各种蔬菜又因生理特性、食用部位等不

同,对肥料的需求量差异很大。蔬菜的需肥量常因生物学特性和食用部位不同差异较大,故现按蔬菜栽培上农业生物学的分类方法,对各类蔬菜的需肥量分述如下。

(一)茄果类蔬菜

这类蔬菜有番茄、茄子、辣椒和甜椒等。它们均以果实供人们食用。这类蔬菜共同的特点是边生长、边现蕾、边开花、边结果。因此,在生产上要注意调节其营养生长与生殖生长之间的矛盾,才能获得较好的收成。茄果类蔬菜在生长过程中需要供应充足的氮、磷。氮、磷不足时,不仅会导致花芽分化推迟,而且会影响花的发育。只有氮素供应充足,才能保证正常的光合作用,保持干物质的持续增长。生育前期缺氮,下部叶片易老化脱落,生育后期缺氮,则导致开花数减少,坐果率低。但氮素过多易造成营养体生长过旺,开花晚,易脱落,果实膨大受到很大限制。进入生殖生长后,对磷的需要量剧增,而对氮的需要量略减。因此,应注意适当增施磷肥,控制氮肥用量。充足的钾可使蔬菜的光合作用旺盛,促进果实膨大。番茄生育后期缺钾,往往形成棱形果和空心果,从而降低商品质量。这类蔬菜的共同规律是吸钾量最高,其次为氮,最低为磷。《中国肥料》综合各地多个资料整理出表 7-3。

表 7-3 每生产 1 000 千克茄果类果实时三要素的吸收量 (千克)

作物 \ 吸收量	N	P_2O_5	K_2O	$N : P_2O_5 : K_2O$
番　茄	2.2~2.8	0.5~0.8	4.2~4.8	1 : 0.3 : 1.8
茄　子	2.6~3.0	0.7~1.0	3.1~5.5	1 : 0.3 : 1.5
甜　椒	3.5~5.4	0.8~1.3	5.5~7.2	1 : 0.2 : 1.4

缺钙是引起番茄和甜椒脐腐病的原因。据研究,在坐果期喷施 0.5%氯化钙溶液可防止脐腐病,并可提高果实硬度,延长果实贮藏期。

番茄对缺铁、缺锰和缺锌都比较敏感,如果出现叶片黄化、花斑叶和小叶病时,应及早喷施多元微肥,防治生理病害。

(二)瓜类蔬菜

这类蔬菜包括有黄瓜、南瓜、笋瓜、西葫芦、冬瓜、西瓜、甜瓜、节瓜、菜瓜、瓠瓜、丝瓜、苦瓜、佛手瓜和栝楼等。它们是典型的营养生长和生殖生长并进的作物。在进入结瓜期后,生长和结实之间养分的争夺比较突出,因此,在肥水上应注意调节。一般幼苗期植株需氮较多,只有在健壮的营养生长的基础上,才能有良好的生殖生长,但氮肥过多,植株徒长,延迟开花、结果,甚至会造成落花落果,坐瓜后对磷的需要量剧增,对氮的需要量减少,钾是瓜类蔬菜需要量较多的,见表 7-4。

表 7-4 每生产 1 000 千克瓜类果实三要素的吸收量 (千克)

作物＼吸收量	N	P_2O_5	K_2O	$N:P_2O_5:K_2O$
黄　瓜	2.8～3.2	0.8～1.3	3.6～4.4	1：0.4：1.4
冬　瓜	1.3～2.8	0.6～1.2	1.5～3.0	1：0.4：1.1
西　瓜	2.5～3.3	0.8～1.3	2.9～3.7	1：0.4：1.1
南　瓜	3.7～4.2	1.8～2.2	6.5～7.3	1：0.5：1.7

多数瓜类蔬菜根系吸肥能力较强,对肥料的要求不严。但黄瓜的根系吸肥力量较弱,追肥时宜轻追、勤追,如果偏施氮肥,则茎叶徒长,结瓜较少。黄瓜对缺锰、缺铜比较敏感,因此,喷施多元微肥有良好的增产作用。

（三）豆类蔬菜

这类蔬菜包括菜豆、豇豆、毛豆、扁豆、豌豆和蚕豆等，主要以嫩豆荚、嫩豆粒供食用。这类蔬菜的共同特点是根系上都长根瘤，共生的根瘤菌具有从空气中固定氮素的能力，可以部分解决豆类蔬菜所需的氮素。因此，栽培这类蔬菜可以少施氮肥，也是发展环保型蔬菜中较好的茬口。但必须明确指出，豆科蔬菜不是不需要施氮肥，尤其是在幼苗期、早春的早熟豆类栽培、食用嫩荚和嫩豆的栽培，施用氮素是不可缺少的，否则会降低产量和品质。豆类蔬菜对磷、钾肥的需要量相对要多一些。

一般豆类蔬菜对硼、钼、锌等微量元素很敏感，缺乏时会引起生理病害。因此，在合理施用氮、磷、钾肥的基础上，喷施硼肥或钼肥，对提高豆类的结荚率、促进籽粒饱满和提高产量均有一定作用。

（四）白菜类蔬菜

这类蔬菜包括结球白菜（大白菜）、不结球白菜（青菜）、菜薹、乌塌菜、芥菜等。白菜类蔬菜的叶面积很大，蒸腾量较大，由于根系浅，因此，要求土壤的持水量和肥料均较多。白菜类蔬菜自幼苗至成株的各个阶段均可供食，而植株的各个阶段对氮、磷、钾的需求量并不一致。刘宜生等以大白菜为材料，在各个生育期内单株对氮、磷、钾的吸收量进行测定，其结果列表如下（表7-5）。

表 7-5　大白菜不同生育期氮、磷、钾单株的吸收量*

生育期 （日/月）	N		P_2O_5		K_2O	
	吸收量(g)	占总量的%	吸收量(g)	占总量的%	吸收量(g)	占总量的%
苗　期 (7/8～1/9)	0.088	0.89	0.0154	0.34	0.196	0.94
莲座期 (2/9～23/9)	2.642	26.7	1.34	29.6	7.90	37.8
结球期 (24/9～1/11)	7.184	72.5	3.17	70.0	12.96	62.1
总　计	9.914	100.0	4.522	100.0	20.88	100.0

*品种:北京 106　　　　　　　　　　　　　　　　　　（刘宜生等,1984）

白菜类蔬菜应保证全生长期内供应充足的氮素,如果供应不足,则植株矮小,叶片少、茎基部易枯黄脱落,组织粗硬,但氮素供应过多,则组织含水量高,不利于贮存,而且易遭受病害。后期磷、钾供应不足时,往往不易结球。以 1 000 千克产品计,大白菜对氮、磷、钾的吸收量氮为 0.8～2.6 千克,五氧化二磷为 0.8～1.2 千克,氧化钾为 3.2～3.7 千克,其吸收比例为 1∶0.5∶1.7。

据研究,叶面喷施 0.25%～0.5%的硝酸钙溶液可明显降低大白菜因缺钙引起干烧心发病率。大白菜对微量元素的要求以铁为最多,锌次之,铜最少。大白菜对缺硼也十分敏感。

（五）甘蓝类蔬菜

这类蔬菜主要包括结球甘蓝、羽衣甘蓝、抱子甘蓝、球茎甘蓝、芥蓝、花椰菜、青花椰菜(西蓝花)等。它们是以叶片、叶球、短缩球茎、花薹、侧芽或花蕾供食用。结球甘蓝开始结球前由于生长量有限,吸收氮、磷、钾的数量较少,进入结球期后,由于生长量大增,养分的吸收量急剧增加。根据《中国肥料》一书中的资料,对结球甘蓝及花椰菜每生产1 000千克的产品对三要素的吸收量见表7-6。

表7-6 每生产1 000千克结球甘蓝、花椰菜三要素的吸收量 （千克）

作物 吸收量	N	P_2O_5	K_2O	$N：P_2O_5：K_2O$
结球甘蓝	3.05	0.80	3.49	1：0.3：1.1
花椰菜	13.4	3.93	9.59	1：0.3：0.7

由此可见结球甘蓝及花椰菜对氮、钾的需要量均大于对磷的需要量。花椰菜对氮、磷、钾的需肥量不仅大于结球甘蓝,就是在其他各种蔬菜中相比较,也是属于很高的一种。

甘蓝类蔬菜通常需钙量很高,是典型的喜钙作物。当土壤缺钙时往往会在结球甘蓝的叶缘出现干枯症状。花椰菜需硼较多,对缺硼的反应很敏感,缺钙还会妨碍硼的吸收,缺硼时易引起叶柄龟裂或发生小叶,花茎中心开裂,花球出现褐色斑点,并略带苦味,影响商品质量。此外,花椰菜对钼、锌、铁的缺少也很敏感,应及时补充。

（六）绿叶菜类蔬菜

这类蔬菜包括菠菜、莴苣、芹菜、蕹菜、苋菜、茼蒿、芫荽、茴香、落葵、紫背天葵、菊花脑、芦蒿等数十种蔬菜。主要是以柔嫩叶片、叶柄供食,也有以嫩茎、嫩梢供食。大多数绿叶菜类根系较浅,生长迅速,每667平方米播种的密度多达十万至数十万株。对土壤和水肥条件要求较高,施肥的方法宜采用浅施、勤施,追肥宜采用速效性氮肥为主。氮肥充足时,植株体内大部分碳水化合物与氮形成蛋白质和叶肉蛋白质,只有少数形成纤维素、果胶等,所以,叶片柔嫩多汁,而少纤维;氮肥不足,植株矮小,叶面积小,色黄而粗糙,易先期抽薹(或称未熟抽薹),失去食用价值。

菠菜是一种耐盐碱、不耐酸性土的作物。它性喜硝态氮,当硝态氮占总氮量的75%～100%时生长良好。菠菜对磷、钾吸收量高,缺钾时反应敏感。

芹菜为浅根系蔬菜。吸肥能力较弱,要求土壤有机质含量高、矿质营养丰富的土壤。芹菜在氮素不足时会影响叶片分化,影响叶片数量和叶柄的长度。磷肥对芹菜的质量有较大影响,磷肥过多,会使叶片细长,纤维增多。钾肥对芹菜生长后期的养分运输和贮藏有作用,钾肥能促使芹菜叶柄粗壮、充实、光泽性较好,有利于提高产品的质量。根据《中国肥料》中所列资料,菠菜与芹菜对三要素的吸收量,可整理成表7-7。

表 7-7　每生产 1 000 千克菠菜与芹菜三要素的吸收量　(千克)

作物＼吸收量	N	P_2O_5	K_2O	$N：P_2O_5：K_2O$
菠　菜	2.1～3.5	0.6～1.1	3.0～5.3	1：0.3：1.4
芹　菜	1.8～2.0	0.7～0.9	3.8～4.0	1：0.4：2

(七)根菜类蔬菜

这类蔬菜包括萝卜、胡萝卜、芜菁、根痴菜、大头菜(根用芥菜)、芜菁甘蓝、根芹菜、美洲防风、牛蒡等。它们都以肥大的肉质根供食用。人们为获得这些作物膨大的肉质根,首先要使地上部分茂盛的生长,以此促进地下部的膨大,但地上部分过分繁茂,又会降低地下部分膨大的速率,而氮肥对茎叶的繁茂起着重大的作用。在根菜类蔬菜生育中期，当氮与钾同时被植株大量吸收时，可增加干物质向地下部的分配量，使氮与碳水化合物同时向根部积蓄。在根系膨大的时期，根中的钾比氮丰富，氮、钾比小，可以增进根部的膨大。

胡萝卜对肥料的吸收量比萝卜要高。胡萝卜在播种后50天内生长缓慢，养分吸收量也较少，在50天以后吸收量显著增加，特别是对钾的吸收量急剧增加，其次为氮和钙。在收获前10天，氮的吸收量占总吸收氮量的46%，磷占55%。在收获时叶片钾的吸收量最多，其次是氮、钙、镁，而磷很少。在根部则钾和氮最多，其次是磷、钙和镁。

根据《中国肥料》一书中有关资料萝卜和胡萝卜对三要素的吸收量可列表于后（表7-8）。

表 7-8　每生产 1 000 千克萝卜与胡萝卜三要素的吸收量　（千克）

作物 吸收量	N	P_2O_5	K_2O	$N : P_2O_5 : K_2O$
胡萝卜	2.4～4.3	0.7～1.7	5.7～11.7	1 : 0.4 : 2.6
萝　卜	2.1～3.1	0.8～1.9	3.8～5.6	1 : 0.2 : 1.8

根菜类蔬菜含硼量很高，可高达 25～60 毫克/千克，其中根甜菜、芜菁、萝卜需硼量较多，胡萝卜需硼量中等。萝卜幼苗期喷硼（浓度为 0.11%～0.25%）效果好。胡萝卜在叶片生长期和肉质根膨大期喷硼也有良好的作用。此外，这类蔬菜对铜、锰等微量元素很敏感，也应注意补充。

（八）葱蒜类蔬菜

这类蔬菜主要包括韭菜、大蒜、大葱、洋葱、韭葱、分葱、薤头等。葱蒜类蔬菜生长的主要部分是叶或芽的变态部分。它们的根系都没有明显的主根和侧根,只有不耐干旱的须根,不分枝,根毛亦少。

葱蒜类蔬菜对养分的需求一般以氮为主,并适当配合磷、钾肥。洋葱和大蒜要注意施用催苗肥,促进幼苗迅速返青,以后再施肥促进鳞茎膨大。韭菜每收割一次,要施一次重肥,肥料以氮肥为主,充足的氮肥才能使韭菜叶片肥厚鲜嫩,过多的钾肥会增加韭菜纤维的含量。根据《中国肥料》中有关资料,大蒜、韭菜、洋葱对三要素的吸收量可列表如下(表7-9)。

表7-9　每生产1 000千克的大蒜、韭菜与洋葱三要素的吸收量

(千克)

吸收量 \ 作物	N	P_2O_5	K_2O	$N：P_2O_5：K_2O$
大　蒜	4.5～5.0	1.1～1.3	4.1～4.7	1：0.3：0.9
韭　菜	5.0～6.0	1.8～2.4	6.2～7.8	1：0.4：1.3
洋　葱	2.0～2.4	0.7～0.9	3.7～4.1	1：0.4：1.8

洋葱施氮过多,鳞茎膨大延迟,花芽分化期或分化后施氮可抑制花芽分化,抽薹延迟。磷对洋葱鳞茎的膨大影响很大,苗期缺磷,易出现黄绿相间的斑点。洋葱对微量元素的需要量虽少,但微量元素对洋葱的生长发育影响很大,如缺锰时植株易倒伏,缺硼时叶片发育受阻,鳞茎不紧实,易发生心腐病。

葱蒜类蔬菜中都含有辛辣味,是因其中含有硫化物,所以,在施肥时要注意补充硫肥,防止因缺硫而发黄,施用硫肥对提高产品的品质和风味有重要意义。

(九)薯芋类蔬菜

这类蔬菜包括甘薯、马铃薯、山药、芋头、魔芋、菊芋、豆薯、生姜、香芋、蕉芋、葛等。它们主要以块茎、根茎、球茎、块根等产品供人们食用。薯芋类蔬菜的产品器官都位于地下,要求富含有机质,疏松深厚,透气性与排水性良好的土壤。它们对于有机肥和钾肥反应良好,大量施用厩肥和钾肥,配合施用磷、氮肥是薯芋类蔬菜获得高产的重要措施。

薯芋类蔬菜中以生姜为例全生育期内以吸收钾最多,氮次之,磷较少,它是一种喜钾的蔬菜。据《中国肥料》等有关资料研究结果,甘薯及生姜对三要素的吸收量可列表如下(表7-10)。

表7-10　每生产1 000千克的甘薯及生姜三要素的吸收量

(千克)

吸收量 作　物	N	P_2O_5	K_2O	N:P_2O_5:K_2O
甘　薯	3.93	1.07	6.2	1:0.4~1.3: 2.2~2.9
生　姜	4.5~5.5	0.9~1.3	5.0~6.2	1:0.2:1.1

据王晓云1990年报道,生姜栽培中追施锌肥或锌加硼肥,对生姜茎叶和根茎的增长有很大的作用,特别在生长后期,对促进根茎膨大起的作用更为明显。

(十)多年生蔬菜

这类蔬菜中包括竹笋、香椿、枸杞、黄花菜、百合、石刁柏、草莓、花椒等。这些蔬菜中除香椿、花椒、竹笋为多年生木本植物外,其余都是多年生草本植物,具有宿根或地下茎越冬。由于它们在植物学上分属不同的科,在植物学性状和生物学特性方面差异很大,在栽培技术及施肥特点上有很大的区别,现将石刁柏、黄花菜、百合、草莓的施肥要点分述如下(表7-9)。

1. 石刁柏

石刁柏的吸肥量依定植后的年龄不同而异。定植后的1~2年中,植株幼小,吸肥量不多,以后的2~3年吸肥量逐年增加,到第五年是吸肥最高的时期,此后至第十年吸收肥料逐渐减少。石刁柏的吸肥量中以吸收氮最多,钾次之,磷最少。石刁柏的产量以氮素影响最大,三要素合理配合有利于高产。

2. 黄花菜

黄花菜的根系多分布在30~70厘米的土层内,栽植前应深挖土壤,分层施足基肥,才能保证养分不断供应。栽植时还应在盖土上放堆肥。除施足基肥外,每年还要在春季萌芽前、抽薹时再追肥,在采摘期为了防止脱肥早衰,延长采收期应追施速效肥料或进行叶面喷肥。采收结束以后应清除老朽根群,再松土施肥、培土促使秋苗早发快长,以利于恢复植株生长、积累养分和萌发新根。冬前还应施用腐熟的有机肥及培土覆盖防寒越冬。

3. 百 合

百合根系浅,吸收力弱,应择土层肥沃、排水良好的砂壤土栽培。百合忌连作,在同块土地上实行3~4年轮作,否则易发生立枯病。百合吸收氮肥较多,钾、磷次之。栽百合前应深翻晒垡,施腐熟的农家肥。定植时再按穴撒施腐熟的堆肥或饼肥,肥料与土壤混合,再撒上一层土后下种,栽植的百合鳞茎不能接触肥料,以防烂种。除基肥外,每年在立春前后追1次肥,以促茎、叶旺盛生长;6月份再追1次,促进鳞茎膨大。6月份追肥要控制氮肥,多施钾肥,避免地上部分生长过旺。钾肥有利于养分向鳞茎转运积累,促使鳞茎肥大充实。

4. 草莓

草莓根系入土浅,不耐旱,对肥料吸收能力很弱。草莓在生育初期吸收营养少,但在花芽形成期营养条件对产量影响很大,所以,尽管当时吸收肥料的数量不多,但肥料不能缺少。开花后对肥料的需求量日益增加,随着果实的发育,氮、磷、钾的吸收量亦随着增加。氮素在收获盛期吸收量最多,磷的吸收没有氮那样急速,它随着生育量的增加,产量的增多,亦有少量增加。钾则与氮相似,从开花到果实膨大,吸收量逐渐增大,直至收获盛期增加最多。《中国肥料》中的资料表明:获得1 000千克草莓的产品需吸氮(N)3.1~6.2千克,磷(P_2O_5)1.4~2.1千克,钾(K_2O)4.0~8.3千克,其比例为1:0.4:1.3。

蔬菜的种类很多、栽培地域广泛、又周年都有栽培,各种蔬菜在各地、各个季节需肥的研究不及粮棉油料作物深入,在生产实践中的确很难达到平衡施肥或测土施肥的要求,常有施肥过量或施肥不足的现象。建议施肥时参考上述各类蔬菜的需肥量进行施肥外,若出现生理病害中的营养问题,再提供部分蔬菜叶片中元素含量的缺乏、适量、过剩的判断标准及蔬菜营养元素缺乏症检索表,以供查考纠正(表7-11,表7-12)。

表 7-11　部分蔬菜叶片中元素含量的缺乏、适量、过剩的判断标准*

作物	含量程度	干物重(%)						干物重(毫克/千克)				
		氮	磷	钾	钙	镁	硼	锰	铁	锌	铜	钼
番茄 (叶)	缺乏	<2.0	<0.1	<3.0	<1.5	<0.3	<10	<5	<100	<15	<3	<0.5
	适量	2.5~3.5	0.2~0.4	4.0~5.0	3.0~5.0	0.5~1.0	15~50	30~200	100~350	20~50	10~20	0.5~1.0
	过剩	>4.0	—	>6.0	—	—	>100	>350	—	—	>30	—
黄瓜 (茎叶)	缺乏	<2.5	<0.2	<1.5	<2.0	<0.3	<15	<10	<50	<8	<5	<0.1
	适量	3.0~3.5	0.2~0.4	2.0~2.5	2.5~4.5	0.6~1.0	20~50	20~100	100~200	20~30	6~15	0.5~1.0
甘蓝 (外叶)	缺乏	<2.5	<0.2	<1.2	<1.8	<0.2	<5.0	—	—	—	—	—
	适量	3.5~4.0	0.3~0.4	1.5~2.0	2.0~3.5	0.3~0.5	15~30	100~200	—	20~60	5~13	—
大白菜 (外叶)	缺乏	<2.0	<0.1	<1.5	<1.5	<0.2	<15	—	—	—	—	1.0~8.0
	适量	2.5~3.9	0.2~0.4	1.8~2.8	1.5~3.0	0.4~0.5	20~50	30~100	—	—	>15	8.5~12.0
萝卜	适量	2.5~3.0	—	5.0~6.2	1.0~1.5	—	40~70	30~100	—	40~70	5~10	0.5~2.0
胡萝卜	适量	1.5~2.0	—	3.5~4.0	1.5~2.0	—	20~60	200~300	—	50~90	5~10	0.2~0.5
甘薯	缺乏	—	—	—	<1.0	<0.1	<20	—	—	—	<3	—
	适量	—	—	—	1.5~2.0	0.3~0.6	20~50	100~300	—	20~50	3~10	0.5~1.0
马铃薯	适量	—	—	—	—	—	30~80	100~200	—	100~250	10~25	0.2~0.5

* 引自南桥英一

表 7-12 蔬菜营养元素缺乏症检索表 *

氮磷钾钙镁硫铁硼锰锌铜钼 —— 症状出现的部位

中下部先出现 —— 氮磷钾镁锌 —— 斑点出现情况

- **不易出现 —— 氮磷**
  - 氮——中下部叶片浅绿色,基部叶片黄白色,严重时干枯死亡,茎细,叶片薄而小,黄瓜果实发生弯曲……缺氮
  - 磷——植株矮小,茎叶暗绿或呈紫红色,基部叶片僵硬发黄并逐渐脱落死亡,易落花、落果……缺磷

- **易出现 —— 钾镁锌**
  - 钾——叶尖和叶缘先变黄并干枯似烧焦状,有时出现点状褐斑,叶卷曲,显皱纹,植株柔弱……缺钾
  - 镁——在生长后期先从下部老叶出现症状,失绿只发生在叶脉间,叶脉仍为绿色……缺镁
  - 锌——叶小丛生,新叶脉间失绿,并发生黄斑,斑可能在主脉两侧出现,生育期推迟……缺锌

新生组织先出现 —— 钙硼硫锰铜铁钼 —— 顶芽是否易枯死

- **易枯死 —— 钙硼**
  - 钙——茎和茎尖分生组织受损,嫩叶初期呈钩状,以后从叶尖和叶缘向内逐渐死亡,番茄、辣椒的果实顶端下陷、变黑,易生脐腐病……缺钙
  - 硼——新叶粗糙,叶片增厚、变脆,茎和叶柄变粗,易裂开,蕾、花或子房易脱落,生育期延迟,顶端生长受抑制,萎缩,弱枝丛生…缺硼

- **不易枯死 —— 硫锰铜铁钼**
  - 硫——新叶黄化,失绿均一,开花结实期延迟……缺硫
  - 锰——脉间失绿,叶常有杂色斑,组织易坏死,花少……缺锰
  - 铜——幼叶褐绿,出现白色斑,果穗发育不正常……缺铜
  - 铁——脉间失绿,严重时植株上部叶片全部呈淡黄色,株小……缺铁
  - 钼——幼叶黄绿,脉间失绿并肿大,叶片畸形,生长缓慢……缺钼

* 引自马国瑞《蔬菜施肥指南》

二、各种肥料的性质及使用方法

（一）有机肥料

有机肥料是指含有较多的有机物，来源于动植物残体及人、畜粪便等废弃物的肥料统称，它是蔬菜生产的重要肥源。有机肥中含有丰富的有机质和各种营养元素，如纤维素、半纤维素、脂肪、蛋白质、氨基酸、激素及腐植酸等。它具有改良土壤、培肥地力的作用。有机肥中的腐殖质能够促使土壤形成团粒结构，改良土壤的通气性，提高土壤的保水、保肥能力。但是有机肥具有脏、臭、不卫生、养分含量低、肥效慢和使用不方便的缺点。

施用有机肥能够使土壤中有益微生物大量繁殖，转化土壤中难以利用的磷、钾和微量元素为作物可利用的有效养分，颉颃土壤中病原菌的活动，提高作物的抗病性。有机肥中的有机酸和其他一些物质，能够活化土壤中难溶的养分，能够刺激作物生长，提高作物产量。施用有机肥能够改善农产品的品质，提高农产品的质量。有机肥中的大量元素、微量元素、糖类、脂类和氨基酸等都是环保型蔬菜生产，特别是生产有机蔬菜必须使用有机肥料，如此才能达到有机蔬菜的标准。现将主要的有机肥料的性质及使用方法分述如下（表 7-10）。

1. 人 粪 尿

人粪尿是人粪、人尿混合物的总称。人粪尿肥分浓厚、含氮量高、养分齐全、肥效快、数量大。人粪尿的成分受食物结构的影响，其有机物主要有硅酸盐、磷酸盐、氯化物等盐类及粪胆质、色素、吲哚、硫化氢、丁酸等带臭味的物质，同时，人粪中含有病菌和寄生虫卵。人尿含水量在96%左右,可溶性有机物质和无机盐在4%左右,人尿中的氮70%~80%以尿素的形态存在,还含有一定量的氯化钠。鲜人尿多呈中性,贮存一段时间后,尿素水解成碳酸铵后呈碱性。

根据高贤彪等资料,人粪尿中所含养分可列表于后(表7-13,表7-14)。

表7-13　人粪养分含量

分析项目	干样	鲜样
水分(%)		80.67
粗有机物(%)	71.87	15.20
全氮(N,%)	6.38	1.16
全磷(P,%)	1.32	0.26
全钾(K,%)	1.60	0.30
pH值		7.02
钙(Ca,%)	1.95	0.30
镁(Mg,%)	1.05	0.13
钠(Na,%)	0.75	0.20
铜(Cu,mg/kg)	69.68	13.41
锌(Zn,mg/kg)	340.46	66.95
铁(Fe,mg/kg)	2751.98	489.10
锰(Mn,mg/kg)	298.05	72.01
硼(B,mg/kg)	4.26	0.87
钼(Mo,mg/kg)	3.48	0.56
硫(S,%)	0.57	0.11
硅(Si,%)	1.86	0.28
氯(Cl,%)	0.50	0.16

表 7-14　人尿养分含量(鲜样)

分　析　项　目	鲜　样
水分(%)	96.98
有机碳(C,%)	0.47
全氮(N,%)	0.53
全磷(P,%)	0.04
全钾(K,%)	0.14
pH 值	8.13
钙(Ca,%)	0.10
镁(Mg,%)	0.03
钠(Na,%)	0.23
铜(Cu,mg/kg)	0.25
锌(Zn,mg/kg)	4.27
铁(Fe,mg/kg)	30.43
锰(Mn,mg/kg)	2.89
硼(B,mg/kg)	0.44
钼(Mo,mg/kg)	0.08
硫(S,%)	0.04
硅(Si,%)	0.21
氯(Cl,%)	0.20

　　人粪尿属速效性肥料,可做基肥、追肥施用。人粪尿中带有各种传染病菌和寄生虫卵,使用前必须用药剂处理或经过贮藏和高温发酵处理,发酵的时间不得少于 15 天。经过高温发酵处理既可增加肥效,又能杀虫杀菌,使其对作物及人体达到无害化。在堆肥发酵时,最好加入秸秆和泥土,堆肥必须充

分腐熟后才能使用,堆肥腐熟度鉴别的指标详见表7-15。

表 7-15　堆肥腐熟度鉴别指标

项　目	堆肥腐熟状况
颜色气味	堆肥的秸秆变成褐色或黑褐色,有黑色汁液,有氨臭味,铵态氮含量显著增高(用铵试纸速测)
秸秆硬度	用手握堆肥,湿时柔软,有弹性,干时很脆,容易破碎,有机质失去弹性
堆肥浸出液	取腐熟的堆肥加清水搅拌后(肥水比例一般 1∶5～10)放置 3～5 分钟,堆肥浸出液颜色呈淡黄色
堆肥体积	腐熟的堆肥,堆的体积比刚堆时塌陷 1/3～1/2
碳氮化	一般为 20～30∶1(其中五碳糖含量在 12％以下)
腐殖化系数	30％左右

有机蔬菜生产过程应与国际接轨,一般不能使用人粪尿做肥料。绿色蔬菜与无公害蔬菜生产中栽培根菜类、薯芋类等地下根茎的蔬菜及叶菜类、特别是速生的叶菜类不宜使用人粪尿,以免人粪尿污染产品,用人粪尿在叶面喷浇,有害病菌及寄生虫卵直接污染蔬菜。

人粪尿中含有较多的氯,施用人粪尿后会降低马铃薯及甘薯等作物中淀粉的含量,降低甜菜中糖的含量。生姜栽培中使用人粪尿不仅会降低辣味,而且会产生姜瘟病。

2. 家畜粪尿和厩肥

(1)家畜粪尿　家畜粪尿包括猪、马、牛、羊的粪尿。尿的主要成分有尿素、尿酸、马尿酸及钾、钠、钙、镁等盐类。粪的主要成分是未消化完的食物和某些中间产物。其中有蛋白质及其分解产物、脂肪酸、有机酸、纤维素、半纤维素、木质素等。家畜粪尿养分含量变化较大,主要受家畜种类、年龄、饲料和饲养管理等的影响。一般含量见表 7-16。

表 7-16　家畜粪尿养分的含量　（%）

畜别	成分	水 分	有机质	N	P₂O₅	K₂O	CaO
猪	粪	82	15.0	0.60	0.40	0.44	0.09
	尿	96	2.5	0.30	0.12	0.95	——
牛	粪	83.3	14.5	0.32	0.25	0.16	0.34
	尿	93.8	3.5	0.95	0.03	0.95	0.01
马	粪	75.8	21.0	0.58	0.30	0.24	0.15
	尿	90.1	7.1	1.20	0.01	1.50	0.45
羊	粪	65.5	28.0	0.65	0.50	0.25	0.46
	尿	87.2	8.3	1.68	0.03	2.10	0.16

从表中可以看到尿中含氮、钾较多，除猪尿含磷稍多外，余者很少。由于尿的量大，养分的绝对量较大。例如，猪的排泄物中存于尿中的养分，氮约占 1/3，钾占 2/3 以上。畜尿中马尿酸、尿酸等形态的氮素分解缓慢，而含量较多的尿素则稍经贮存，便可腐熟，见表 7-17。

表 7-17　家畜尿中各种形态氮的含量　（占全氮%）

氮的形态	猪 尿	牛 尿	马 尿	羊 尿
尿素态氮	26.0	29.77	74.47	53.39
马尿酸态氮	9.60	22.46	3.02	38.70
尿酸态氮	3.20	1.02	0.65	4.01
肌酐态氮	0.68	6.27	痕迹	0.60
铵态氮	3.79	——	——	2.24
其他态氮	56.13	40.48	21.86	1.06

畜粪中的氮、磷大多呈有机态,作物不能直接利用,须经微生物分解才能释放出有效养分来,所以,肥效持久。在分解过程中形成的腐殖质,能改良土壤。粪中的钾素大部是水溶性的,有效性很高。据研究,畜粪中氮、磷、钾的当季利用率各为 25％、30％～40％及 60％～70％。不同的粪,往往因牲畜的体质、消化能力等不同,在性质上还具有各自的特点。

猪粪:一般含水较多,由于饲料较精,粪质较细,属冷性肥料。因含大量微生物和碳、氮比较少,腐熟速度比牛粪快。

牛粪:牛是反刍动物,粪质较细密,含水量高,通气性差,分解缓慢,发酵温度低,亦属冷性肥料,以施用在通气性较好的砂性土上为宜。

马粪:质地粗松,含纤维质多,并含有纤维分解细菌,分解较快,发酵温度高,属热性肥料。骡、驴粪与马粪相似。常用做温床的酿热物、冬春培育韭菜、韭黄或茄瓜豆类育苗时使用。堆肥时加入适量的马粪可以促进腐熟。施用马粪可改善粘重的冷性土的性状。

羊粪:羊是反刍动物,粪干而细实,养分浓度高,腐熟快,发热量大于牛粪,亦属热性肥料。在砂性土或粘性土上施用羊粪,均有良好的效果。

此外,兔粪也是一种优质肥料。其养分含量为氮 1.77％～1.92％、磷酸(P_2O_5)0.92％～1.33％和氧化钾(K_2O)1.94％。兔粪特性基本上与羊粪相似。

在环保型蔬菜生产中为扩大利用家畜粪尿、选择家畜种类、积存家畜粪尿和防止养分的损失,现将有关材料分别列表如下(表 7-18,表 7-19)。

表 7-18　各种家畜年排泄量及其养分含量

家畜种类	粪尿比（%）（粪：尿）	全年排泄量(kg)		N(kg)		P₂O₅(kg)		K₂O(kg)	
		总量	粪尿	总量	粪尿	总量	粪尿	总量	粪尿
猪	34：66	2000	665	8.01	3.99	5.26	2.66	9.26	2.91
			1335		4.02		2.60		6.35
牛	70：30	7800	5460	39.71	17.48	12.16	11.46	30.96	8.73
			2340		22.23		0.70		22.23
羊	67：33	500	355	4.55	2.78	1.62	1.07	2.54	0.77
			165		1.77		0.05		1.17
马	80：20	5300	4290	33.92	21.20	13.04	12.72	26.07	10.17
			1060		12.72		0.32		15.90

（张耀栋等）

表 7-19　猪粪尿不同贮存方法与氮的损失

处　理　项　目	贮存前 N 素总量(kg)	贮存后 N 素总量(kg)	贮存后 N 素损失量(kg)	N 素损失（%）
猪尿不加盖	0.0625	0.036	0.0265	42.4
猪尿加盖	0.0625	0.0465	0.0160	26.4
猪粪不加盖	0.125	0.0725	0.0525	42.4
猪粪加盖	0.125	0.1000	0.0250	20.0
猪粪尿混贮不加盖	0.085	0.0500	0.0350	41.2
猪粪尿混贮加盖	0.085	0.0725	0.0125	14.7

（张耀栋等）

　　根据上述资料可以看出家畜排泄量的多少,受家畜的种类、大小、饲养及服役情况的影响。排泄量的次序为牛＞马＞猪＞羊。应当指出由于猪繁殖快、饲养量大,所以,积肥多,故发展养猪积肥,对发展环保型蔬菜生产有重要意义。

在做好积肥工作的同时,要做好保肥工作。第一,堆积畜粪时应采取压紧,水分不足的宜边堆边加适量的水分,肥堆周围用泥加封,有利于控制微生物的活动,免得有机物质消耗过多。第二,在发展沼气的地区,家畜粪尿可作为发酵材料,亦可减少养分损失。第三,为防止氨的挥发损失可遮荫加盖、加化学保氮剂,如过磷酸钙、石膏,加少量硫酸锰抑制尿酶的活性等。此外,采取粪尿分贮,将尿做追肥,粪做基肥,使肥料得到合理的利用,又可缩短尿的贮存时间,减少氨的损失。第四,防止液体流失。如贮尿池底部不能渗漏,堆积畜粪时,下垫10～15厘米厚的干细土或泥炭或其他垫料,以吸收液体,堆旁再设贮液坑,用以积聚肥液。

(2)厩肥 厩肥是家畜粪尿、垫料和饲料碎屑的混合物。因畜种不同,有牛厩肥、马厩肥、羊厩肥、猪厩肥等。以土为垫料的称"土粪",用草做垫料的称"草粪"。垫料的种类很多,有禾谷类、豆科的秸秆、泥炭、肥土、干河泥、草皮等。它们具有很强的吸收能力(表7-20),同时本身也含有一定养分。若用垫土,用量不宜过多,否则肥料质量低,花费劳力多。垫土的用量最好是粪尿量的 3～4 倍。若用玉米、高粱等秸秆,宜切短、碾碎,以增强吸收能力,用量主要决定于家畜的种类,例如仔猪的昼夜用量每头 0.5～1.0 千克;肥猪 1～2 千克;育仔母猪5～7 千克。

表 7-20　各种垫料的吸水吸氨量　（%）

垫 料 种 类	吸水量(24 小时)	吸氨量(24 小时)
小麦秆	220	0.17
燕麦秆	285	—
豌豆秆	285	—
新鲜栎树叶	160	—
泥 炭	600	1.10
干有机土	50	0.66

（张耀栋等）

厩肥中含有大量的有机质及各种营养元素,属于完全肥料。其中养分大都呈有机态,肥效持久。氮素当年的利用率只有 20%～35%,后效期较长,砂土为 2～3 年,壤土可达 5～6 年。新鲜厩肥的养分由于家畜种类、饲料质量、垫料种类和用量等不同,养分含量亦有较大差异,现将厩肥的平均养分含量列表如下(表 7-21)。

表 7-21　厩肥的平均养分含量　（%）

家畜种类	水 分	有机质	N	P_2O_5	K_2O	CaO	MgO	SO_3
猪	72.4	25.0	0.45	0.19	0.60	0.08	0.08	0.08
牛	77.5	20.3	0.34	0.16	0.40	0.31	0.11	0.06
马	71.3	25.4	0.58	0.28	0.53	0.21	0.14	0.01
羊	64.6	31.8	0.83	0.23	0.67	0.33	0.28	0.15

厩肥的积制方法,通常有圈内堆积和圈外堆积两种方法。圈内堆积养分损失少,但不利于家畜的健康,尤其是地下水位高的江淮流域更不宜采用。圈外堆积根据堆积的松紧度,可分为下列三种:

第一,疏松堆积:肥堆较松,呈好气性分解,堆内温度可高达 60℃～70℃,腐熟快,杀死杂草种子、病菌、虫卵效果显著。但是有机质及氮素的损失较多。可根据需要酌情采用。

第二,紧密堆积:肥堆较紧,堆温变化在 15℃～35℃之间,分解慢,2～4 个月达半腐熟,6 个月才能腐熟。但是有机质及氮素损失少。

第三,先松后紧堆积:肥堆先疏松,高温阶段后压紧,再堆积材料,如此反复,直至堆高 1.5～2 米为止。外用泥封,一般 1.5～2 个月达半腐熟,4～5 个月可腐熟。有机质及氮素损失较少。

厩肥的腐熟一般经历生粪、半腐熟、腐熟、过劲等阶段。半腐熟时便可施用,这时粪呈棕色,垫料变软,并有霉烂味,半腐熟阶段的特征可概括为“棕、软、霉”。在水、热条件适宜时继续分解,便进入腐熟阶段,这时有机物质呈黑泥状,有氨臭味,厩肥显黑色,故又可将它概括为“黑、烂、臭”。若不施用,要及时加水压紧,四周用泥封,严防进入过劲阶段而降低肥效。

家畜尿或用冲圈方法积得的家畜粪尿,经短期贮存,宜做追肥。半腐熟的畜粪及厩肥宜做基肥。腐熟的家畜粪尿及厩肥不仅可做基肥,还可做追肥和种肥。一般生长期长的作物、土壤中水分适宜、土质砂性的地块可用半腐熟的厩肥。反之,应该施用腐熟的厩肥。

3. 禽 粪

禽粪包括鸡、鸭、鹅、鸽的粪便。禽粪中的养分含量高于家畜粪尿,见表 7-22。禽粪的养分大多呈有机态,其中氮以尿酸态为主,较易分解,发酵温度较高,属热性肥料。

表 7-22　禽粪中养分平均含量　（%）

禽粪 ＼ 养分	水　分	有机物	N	P_2O_5	K_2O
鸡　粪	50.5	25.5	1.63	1.54	0.85
鸭　粪	56.6	26.2	1.10	1.40	0.62
鹅　粪	77.1	23.4	0.55	0.50	0.95
鸽　粪	51.0	30.8	1.76	1.78	1.00

家禽的排泄量与家禽的种类与饲料有关,据报道,一只家禽的年排泄量鸡为 5～7.5 千克;鸭为 7.5～10 千克;鹅为12.5～15 千克;鸽为 2～3 千克。随着养禽业的发展,禽粪量大,亦是优质肥之一。

禽粪中养分浓度高,易分解,在积存中要注意保氮。禽粪贮存两个月如果不采取保肥措施,其中氮素可损失一半。养禽时可用干细土、泥炭做垫料,经常取出,风干后贮于干燥阴凉处,或与泥土、泥炭堆腐,外用泥封。国外还有加入禽粪量3％～5％的过磷酸钙或 0.2％～0.25％的硼砂或硼酸保存氮素的报道。

禽粪属精肥,腐熟后多用做追肥,每 667 平方米用 25～50 千克,可条施或穴施,施后覆土,以防养分损失。

4. 沼气发酵肥

沼气发酵肥是利用农村中的秸秆、人畜粪尿、禽粪、青草、草皮、落叶、生活垃圾等为原料,在严格隔绝空气和一定的温度、湿度、酸度的条件下,经微生物的嫌气发酵,产生沼气后的残渣和肥水。它是近年来新发展的一种有机肥料,对发展环保型蔬菜,特别是发展有机蔬菜是不可缺少的肥源。

根据王义炳及张耀栋等的调查总结,对发展沼气肥的意义、沼气肥发酵的原理及条件与沼气肥施用的效果分述如下。

(1)发展沼气肥的意义

①解决了农民烧水、煮饭的燃料问题 利用畜禽的粪便、秸秆等废弃物产生的沼气,每立方米燃烧时能放出 5 500～6 500大卡的热量,在农村每个家庭建立一个 5～10 立方米的沼气池,每天用气约 1 立方米,就能满足全家烧水、煮饭、煮猪食等燃料的需要。

②秸秆及畜禽粪便等废弃物得到了充分的利用 秸秆一直是农家的燃料和饲料,推广沼气发酵池以后,用秸秆及畜禽粪便产生的沼气,既获得了燃料,又获得了肥料,由燃烧变为沤制,节约了大量的秸秆,可以充分利用秸秆,饲养更多的牲畜。

③农村环境卫生得到大大的改善 过去农村厕所、猪圈和各类秸秆等废弃物随意堆放,雨天污水横流,严重损害环境。推广"三合一"沼气发酵技术以后,畜禽粪尿、作物秸秆及其他容易腐烂的有机物质投入沼气池内,通过发酵使绝大多数寄生虫卵和病原菌死亡。由燃草改为燃气,也改善了空气的环境条件。沼气发酵卫生标准要求,详见表 7-23。

表 7-23　沼气发酵卫生标准

编　号	项　　目	卫生标准及要求
1	密封贮存期	30 天以上
2	高温沼气发酵温度	53℃±2℃持续 2 天
3	寄生虫卵沉降率	95％以上
4	血吸虫卵和钩虫卵	在使用粪液中不得检出活的血吸虫卵和钩虫卵
5	粪大肠菌值	普通沼气发酵10^{-4},高温沼气发酵 10^{-1}～10^{-2}

编　号	项　　目	卫生标准及要求
6	蚊子、苍蝇	有效地控制蚊蝇孳生，粪液中无孑孓，池的周围无活的蛆蛹或羽化的成蝇
7	沼气池残渣	经无害化处理后方可做农肥

＊本表摘自葛晓光、张智敏编著《绿色蔬菜生产》

（2）沼气肥发酵的原理及条件

①沼气发酵原理　自然界的沼气是甲烷、氢、硫化氢、一氧化碳、二氧化碳、氨、氮等混合物，以甲烷和二氧化碳为主，其中甲烷约占 $60\%\sim70\%$，二氧化碳约占 $30\%\sim35\%$，它是在嫌气条件下有机物分解的产物。沼气的生产过程一般可概括为腐解阶段和沼气产生阶段。

腐解阶段：有机物在嫌气条件下经过腐解细菌，包括嫌气性纤维分解菌、果胶分解菌、丁酸细菌及在嫌气条件下能分解蛋白质、脂肪和碳水化合物的各类细菌，通过这些微生物的作用，把半纤维素、纤维素和蛋白质等分解为有机酸、氨基酸、醇、醛、酮、二氧化碳、氢等产物。

沼气产生阶段：上述腐解产物在具有严格专一性的嫌氧细菌群，即甲烷细菌或沼气细菌的作用下，从多种途径产生甲烷。如纤维素被分解时，在沼气菌的作用下产生甲烷，由酸和醇分解产生甲烷，由醇的分解使二氧化碳还原形成甲烷，利用氢使二氧化碳还原形成甲烷；酮类水解产生甲烷等。

由于沼气发酵是各种嫌气微生物综合作用的过程，故在同一沼气池中有着不同发酵过程，互相交错进行。

②沼气发酵的条件

第一，严格密闭：沼气细菌是嫌氧微生物，在建池时一定要做到全池不漏水、气箱不漏气，给沼气细菌创造严格的嫌气条件,这是能否正常产气的关键。

第二,接种沼气细菌:在初次投料时一定要进行人工接种沼气细菌,其菌种的来源可用下列方法取得:用产气好的老沼气池池渣、老粪池渣、阴沟泥以及在每次清除沼气池粪渣、做肥料的池渣做菌种,以保证沼气池换料以后能正常发酵。

第三,配料要适当:人畜粪尿、青草、秸秆、污水和污泥等有机物都可作为发酵原料,但各种原料的产气量和持续时间均不同,所以,在原料中要充分考虑沼气细菌的营养要求,既要有充分供给氮素和磷素,以利于菌体繁殖,同时也要有充分的碳水化合物,才有利于多产沼气,产沼气的量与原材料的碳、氮比有关。据试验,其碳氮比应调节至 30～40：1 较好,在投料时要因地制宜适当搭配,合理使用。

第四,适量水分:水分是沼气发酵中必需的条件,但水过多,发酵液中干物质少,产气量少,肥效低。水分过少,干物质多,易使有机酸积累影响发酵,同时易在发酵液面形成粪膜,影响产气。根据各地实践经验,水料的比例,夏季以 90～92：10～8,秋季以 85：15 左右为宜。

第五,适宜的酸碱度:参预腐解阶段的各类微生物 pH 值在 5～9 的范围内都能生长,但甲烷细菌对酸碱度要求严格,以 pH 值 7～7.6 为最佳,低于 pH 值 6.5 或高于 pH 值 8.5 就几乎停止繁殖。因此,当沼气池内过酸时,宜加入适量草木灰或石灰来调节酸碱度。

第六,温度:沼气发酵的微生物一般为中温型,少数为高温型。发酵的最适温度为 25℃～40℃,在此范围内温度愈高,产沼气的细菌繁殖愈快,产气量也愈高。农村沼气池一般采用常温发酵法,其产气量受地区和季节影响较大。冬季必须采取必要的防寒保温措施,以保持正常产气。在建池时应选择背风向阳,地下水位较低的地方建造,以提高冬季池温。

③沼气池的管理　科学管理沼气池方面,四川省总结出一套行之有效的方法:即

一提高:提高池温。

二保持:保持适宜的酸碱度和气箱的容积。

三结合:厕所、猪圈、沼气池建在一起。

四勤快:勤出料、勤加料、勤搅拌、勤检查。

五配套:沼气炉、沼气灶、沼气灯、开关、气压表齐全。

此外,使用的秸秆如能预先堆沤后入池,可大大提高产气量。在沼气池的管理中应严格注意安全操作,防止有害气体中毒,特别是沼气池出料和进行维修时,务必将池中有害气体排尽后方可操作,以免发生爆炸或中毒等伤亡事故。

(3)沼气肥使用的效果

①沼气肥的增产效果　沼气发酵肥由残渣和发酵液组成,含有较多的速效氮,据调查测定,以麦秆加人粪配料的沼气肥残渣速效氮占全氮的52%,发酵液中速效氮占全氮的85.5%。但沼气肥的养分含量因受原料种类、比例和加水量的影响,其变化的幅度比较大,残渣的全氮变化在0.5%～1.22%范围,发酵液的全氮变化在0.062%～0.065%范围。残渣数量一般占总量的13.2%(湿重)含腐植酸9.80%～20.9%。沼气肥渣平均含全氮1.25%,全磷1.9%,全钾1.33%。50千克沼肥渣相当于3千克硫铵、5千克过磷酸钙、1.5千克硫酸钾,是一种良好的有机肥料。通过等氮量的不同肥料试验,小麦施用沼气肥水比对照增产104.4%,比化肥增产58.5%。水稻施用沼气肥水比对照增产208.5%,比化肥增产35.5%。沼气渣比对照增产166.2%,比化肥增产16.9%。而且均对后作有较好的增产作用。

②沼气肥培肥土壤的增产效果　江苏省沼气研究所在武进县奔牛镇进行的肥效试验,施用沼气肥的处理,在水稻、小麦收获后检测发现,对土壤的化学性状有良好的作用。同时,对土壤的持水性能、孔隙率、容积重量等土壤物理性状也有明显的改善。

③沼气肥对防治或减轻某些作物病虫害的作用　湖北省在沼气肥效试验中发现,沼气肥对防治作物病虫害也有一定的效果。据报道,大量施用沼气肥水后,可以减轻稻瘟病、赤霉病及蚜虫、红蜘蛛的危害。南京农业大学微生物研究室于1981～1982年在江苏淮阴、南通等地对蚜虫(菜蚜、麦蚜、棉蚜)和棉花红蜘蛛进行了多点多次重复的田间防治对比试验。结果表明:只要沼气池产气正常,沼气肥液质量好,对菜蚜、麦蚜、棉蚜、棉花红蜘蛛均有一定的防治效果,而且比较稳定,再现性较好。沼气肥液中加部分农药,其防治效果更为显著。沼气液肥对枯萎病及苗期土传病害防治的效果更好。用沼气液浸种或拌营养土育苗,可大大减少因枯萎病而造成的死亡率。

④发展沼气肥与有机农业生产的关系　发展沼气事业是解决农村积造有机肥、秸秆还田与解决燃料、饲料矛盾的好办法。发展沼气池具有能源、肥料、饲料、封山育林、环境卫生等多方面的综合效益。燃料问题解决了,就有大量的作物秸秆做饲料,可饲养较多的大牲畜,有了大牲畜的养殖业,增添了大量的有机肥料,大量的有机肥料又可沤制沼气作燃料,沼气液、沼气渣做肥料,使作物增产、土壤培肥,使农业生产体系步入良性循环。有机农业生产主要就是依靠系统内部大量有机肥料的投入,靠利用有机废弃物及绿肥来解决土壤肥力,保持土壤持续、稳定的生产力。因此,发展沼气事业完全符合有机农业生产的要求,建设好、管理好、利用好沼气肥是发展有机

农业、生产安全食品的最好途径,必须予以进一步推广。

5. 饼 肥

饼肥或称饼粕肥。是油料作物的种子榨油后剩下的残渣,供做肥料的称为饼肥。主要有大豆饼、菜籽饼、花生饼、芝麻饼、棉籽饼、乌桕籽饼、桐籽饼、胡麻饼、向日葵饼等。目前,大部分饼肥均先做饲料,过腹还田,大大提高了饼粕的利用价值。但有些饼粕含有毒成分,如南方的茶籽饼(又叫茶枯)含有皂素($C_{73}H_{124}O_{36}$),桐籽饼含有桐油酸和皂素等不宜直接用做饲料,其他如蓖麻籽饼、乌桕籽饼也不宜做饲料。

油饼是含氮较高的有机肥料。平均含有机质 75%~80%,氮 2%~7%,磷酸(P_2O_5)和氧化钾(K_2O)分别为 1%~3% 和 1%~2%,详见表 7-24。饼肥中的氮和磷多为有机态。其中氮以蛋白质态为主,磷以卵磷脂、磷植素形态为主,需经分解为无机态后方能被作物吸收利用。饼肥中还含有少量油脂和脂肪酸,油脂是较难分解的物质,它的含量多少会影响饼肥分解的速度。

表 7-24　几种主要饼粕肥养分含量　(%)

种　　类	残　油	蛋白质	N	P_2O_5	K_2O
豆　　饼	5~7	43.0	7.0	1.3	2.1
花 生 饼	5~7	37.0	6.3	1.2	1.3
芝 麻 饼	14.6	36.2	5.8	3.2	1.5
向日葵饼	10	33.0	5.2	1.7	1.4
胡 麻 饼	7~8	31.5	5.0	2.0	1.9
菜 籽 饼	4~7	30.0	4.6	2.5	1.4
棉 籽 饼	4~8	22.5	3.4	1.6	1.0
大麻籽饼	—	—	5.0	2.4	1.3

种 类	残 油	蛋白质	N	P_2O_5	K_2O
蓖麻籽饼	—	—	5.0	2.0	1.9
桐 籽 饼	—	—	3.6	1.3	1.3
大米糖饼	—	—	2.3	3.0	1.7
乌柏籽饼	—	—	5.1	1.9	1.2
茶 籽 饼	—	—	1.1	0.3	1.2

注：1. 上表仅作参考，因品种、榨油方法、土壤条件等都会影响饼肥三要素的含量

2. 本表资料来自中国农业科学院土壤肥料研究所主编的《中国肥料》及张耀栋等编著的《肥料施用知识》

饼肥可以做基肥，也可做追肥。其肥效的快慢与土壤情况和饼粕粉碎的程度有关。粉碎的程度越高，腐烂分解和产生肥效就越快。施用饼肥最好应经发酵后施用，这样既可提高肥效，也可防止发生种蛆和腐解过程中产生有害物质而影响种子出苗和幼苗生长。含氮量高的豆饼可以直接施用，但需加入少量农药，以免招引蚯蚓等地下害虫。如做追肥应提早 1～2 周施入，以便有充分时间在土壤中发酵。

6. 绿 肥

凡利用绿色植物的茎叶做肥料，不论是栽培的或野生的都称为绿肥。栽培绿肥可以起到"以田养田，以田养猪"，以及活化土壤中养分的作用。绿肥是一种优质肥源，在提供农作物所需的养分、改良土壤、改善农田生态环境和防止土壤侵蚀及污染等方面均有良好的作用。发展绿肥能为发展有机食品、绿色食品及无公害食品提供经济活力强、营养丰富、不受污染的土地，对生产安全、优质、高产、高效的蔬菜，具有十分重要的作用。现将绿肥在环保型蔬菜生产中的作用、各种绿肥的养分

含量及绿肥作物的种类及其特性分述如下。

(1)绿肥在环保型蔬菜生产中的作用

①提高土壤中有机质的含量　绿肥一般含有机质15％左右。因此,栽培和施用绿肥,均有提高土壤有机质含量的效果,尤其是采取禾本科与豆科绿肥混播,其效果优于单播豆科绿肥作物。

②提高土壤中氮素含量　绿肥中含有氮素,特别是豆科绿肥还能固定空气中的氮。据估计全世界豆科作物与根瘤菌共生固氮约4 000万吨,而1977年全世界工业氮肥产量总共为4 588万吨,可见豆科绿肥作物的共生固氮的地位是多么重要。

③提高土壤有效养分,促进底土熟化　绿肥作物特别是豆科绿肥有强大的根系,吸收利用土壤中难溶性养分的能力较强,能把土壤中不易为其他作物吸收利用的养分集中起来。例如土壤中难溶性的磷,经绿肥吸收利用后,变成绿肥作物体内的有机磷,当绿肥耕翻和分解后,磷就容易为作物吸收利用。同时,还因绿肥的耕翻,使土壤中的微生物大量繁殖和生命活动的加强,进一步促使土壤中部分难于吸收的养分分解,为后作物利用。

豆科绿肥根系不仅吸收能力强,而且有强大的主根,深入土中。例如光叶紫花苕子的根系,可深达1～2米,紫云英和金花菜的根系深达0.5～1米,紫花苜蓿的根系可达3米以上。它们能把土壤深层的养分吸收上来,除为后作物利用外,还有改良深层土壤理化性状的作用。当绿肥作物的根群腐烂后,增加了土壤深层的有机质,还留下空隙,有利于通气和后作物根系的伸展,起到熟化深层土壤的效果。

④改良土壤,提高肥力　由于绿肥给土壤增加了新鲜的

有机质和养分,改善了土壤的物理化学性状,增强了土壤中微生物的活动,提高了土壤肥力,我国农民素有"一年红花草,三年田脚好"的说法。这表明有豆科绿肥作物参预的轮作制度,在改良土壤,提高地力上有重要意义。

栽培绿肥作物又是改良盐碱土的重要措施之一。有些绿肥作物如田菁,可在盐碱含量较高的土壤中生长,经利用后,能改善土壤的物理性状,加强土壤透水性,促进淋盐、洗碱作用。此外,由于绿肥作物在生长过程中遮盖地面,能减少土壤水分的蒸发,从而能抑制盐分上升,减轻耕作层盐分的积累,为后作物创造有利的生长条件。

⑤覆盖地面,防止土肥流失 在坡地和沙荒地种植绿肥作物,由于茂盛的枝叶覆盖地面,减少了雨水对地面的侵蚀和风的吹蚀。同时,绿肥根系也起了固定土壤及沙丘的作用,提高了土壤保水蓄水的能力。故在果园、茶园中栽培冬季绿肥,不但可减少土壤中可溶性养分的流失,而且还提供了肥料。

⑥调剂作物茬口,节省施肥劳力 在轮作中安排一定比例的绿肥,不但有养地用地等作用,而且便于轮作倒茬。在生产实践中,早晚茬交换以及水旱轮作,往往是通过绿肥田进行的。绿肥田是早茬,有了绿肥可以错开劳力。种植绿肥花工少、肥效高,尤其在发展环保型蔬菜、在远离住宅区的地块或高坡地上,对于解决运肥、施肥、节约人力、物力方面具有一定意义。

⑦促进畜牧业和养蜂业的发展 绿肥作物含有丰富的蛋白质和维生素等养料,是家畜优质的青饲料,也能晒干后制成草糠或青贮。不少绿肥作物还是有名的蜜源植物,如紫云英、苕子、田菁等,它们的花期较长,能增加采蜜时间,蜂蜜产量高,蜂蜜质量好。由此可见,栽培绿肥作物,对促进牧副业的发

展也起着很大的作用。

要充分发挥绿肥的作用,除了在轮作区内安排一定的种植面积之外,必须利用一切可以利用的空茬、荒地、水面和"十边"地种植绿肥。加强对绿肥的管理,提高鲜草产量和绿肥留种地的产量,自繁、自留、自用逐年扩大绿肥栽培面积,保证农产品和畜禽产品的双丰收。农林牧副全面发展,按生态农业上植物-动物-微生物三者之间良性循环的原理,创造农业生产上持续发展的一片新天地。

(2)各种绿肥养分的含量 绿肥的肥料成分因其种类、翻压或刈割时期的不同而有很大的差异。一般情况下,豆科绿肥植株含氮量比非豆科绿肥高;同一种绿肥,其部位不同养分也有很大的差别。叶的养分含量高于茎,地上部分养分高于根部。生育期不同,其养分积累也不同。苗期因叶占的比例大,其养分含量高于成株;花期养分含量虽比苗期低,但因绿色体总产量高,故其养分总积累量仍明显高于苗期。所以,一般绿肥在盛花期使用较为适宜。环境条件对绿肥肥料成分也有很大的影响,土壤肥力、气候因素都能影响养分的积累。在高肥力土壤中生长的绿肥,其绿色体养分含量相对高于在低肥力土壤上的绿肥;高温条件下,植株生长速度快,养分积累往往低于温度较低条件下生长的植株。

为便于比较,全国绿肥试验网曾对部分重要绿肥作物进行统一标准采样和集中分析,现将试验结果列表于后(表7-25)。

表 7-25　主要绿肥作物的养分含量*

绿肥名称	采样地点	植株含水率(%)	养分含量(占干物%)			
			N	P	K	C
紫云英	湖南长沙(中肥力土壤)	90.5	3.80	0.32	3.13	38.06
兰花苕子	四川温江(中肥力土壤)	84.1	2.17	0.54	1.40	35.52
毛叶苕子	北京(高肥力土壤)	83.2	3.58	0.38	1.75	42.55
光叶苕子	北京(高肥力土壤)	82.2	3.44	0.38	2.06	43.92
箭　豌豆	北京(高肥力土壤)	82.5	2.85	0.26	1.90	40.34
香豆子	北京(高肥力土壤)	86.3	2.84	0.28	1.81	40.23
豌　豆	北京(高肥力土壤)	81.8	3.07	0.34	1.93	43.26
金花菜	浙江桐乡(高肥力土壤)	85.6	3.05	0.39	1.10	34.83
蚕豆(残体)	广东·广州(高肥力土壤)	74.4	1.09	0.21	0.38	34.60
田　菁	河北南皮(低肥力土壤)	73.1	2.27	0.26	1.90	37.38
柽　麻	河北南皮(低肥力土壤)	78.3	1.24	0.19	1.50	38.49
白花草木犀	辽宁阜新(低肥力土壤)	75.9	2.30	0.36	1.45	41.08
黄花草木犀	辽宁阜新(低肥力土壤)	74.8	2.23	0.22	1.45	35.87
沙打旺,2年生	北京(高肥力土壤)	82.8	3.32	0.32	1.99	45.00
红三叶,2年生	北京(高肥力土壤)	84.5	2.32	0.30	2.03	46.77
小冠花,2年生	北京(高肥力土壤)	94.2	3.22	0.37	2.97	44.49
百脉根,2年生	北京(高肥力土壤)	85.2	3.37	0.30	3.30	45.08
苜　蓿	新疆和田(低肥力土壤)	79.0	2.32	0.25	2.80	36.13
油　菜	黑龙江·哈尔滨(中肥力土壤)	83.0	2.34	0.31	1.75	39.09
黑麦草	江苏盐城(中肥力土壤)	85.7	1.76	0.32	3.15	34.86
小葵子	四川温江(中肥力土壤)	85.0	1.96	0.33	2.50	31.78

* 引自中国农业科学院土壤肥料研究所,(1981~1983)

(3)绿肥的种类及其特性　我国绿肥作物资源十分丰富。

据全国绿肥试验网开展的绿肥品种资源研究工作表明,我国绿肥资源有 10 科 42 属 60 多种,共 1000 多个品种。其中生产上应用较普遍的有 4 科 20 属 26 种,约有品种 500 多个。现将我国生产上常用的重要绿肥作物按栽培习性,分冬季绿肥作物、夏季绿肥作物、多年生绿肥作物及水生绿肥作物 4 类分述如下。

①冬季绿肥作物

第一,紫云英 紫云英又叫红花草,豆科 1 年生或越年生草本植物。多在秋季套播于晚稻田中,做早稻的基肥。种植面积约占全国绿肥面积 60% 以上,是我国最重要的绿肥作物。

紫云英性喜凉爽,适于排水良好的土壤。最适生长的土壤水分为田间持水量的 60%~75%,低于 40% 生长受抑制。虽然有较强的耐湿性,但渍水对其生长不利,严重时甚至死亡。因此,播前开挖田间排水沟是必要的。当气温降到 $-5℃$~$-10℃$ 时,易受冻害。对根瘤菌要求专一,特别是未曾种过的田块,种子拌根瘤菌剂是成败的关键。

紫云英固氮能力较强,盛花期平均每 667 平方米可固氮 5~8 千克。主要优良品种有早熟种如乐平、常德、闽紫 1 号等;中熟种如余江大叶、萍宁 3 号、闽紫 6 号等;晚熟种如茜敦、宁波大桥、浙紫 5 号等。

紫云英种子每 500 克约有 14 万粒,发芽率通常为 80%。一般要求早播田基本苗 40 万~50 万,晚播田基本苗 50 万~60 万苗。稻田套种每 667 平方米需种子 2.5~4.5 千克,留种田每 667 平方米需种子 1.5~2 千克。

第二,金花菜 金花菜又叫黄花苜蓿、草头。豆科苜蓿属,1 年生或越年生草本。原产地中海地区,我国主要在长江中下游的江苏、浙江和上海一带秋季栽培。其嫩茎叶是早春优质蔬菜,经济价值较高。

金花菜性喜温暖湿润气候,可在轻度盐碱地上生长,也有一定的耐酸性,能在红壤坡地上种植。其耐旱、耐寒和耐渍能力较差,水肥条件良好时生长旺盛。主要优良地方品种有顾山、温岭、余姚和东台金花菜等。金花菜播种的适期是霜前30～40天,据南京地区试验结果以9月25日播种产量最高,每667平方米产鲜草2500千克以上。金花菜500克种荚约有1.6万个,出苗率在70%以下,一般冬前每667平方米有40万基本苗,应播种子6～8千克。播种量应掌握"瘦田多播,肥田少播;迟种多播,早种少播;撒种多播,点种少播"的原则。

第三,光叶紫花苕子 光叶紫花苕子又叫苕子、巢菜、野豌豆、兰花草等。豆科巢菜属,1年生或越年生草本。原产中国,主要分布在我国南方各省,尤以湖北、四川、云南、贵州等省较普遍。一般用于稻田秋播或在中耕作物行间间种。

光叶紫花苕子不耐寒,在－3℃时即出现冻害,10℃～17℃时生长迅速。耐湿性较强,短期地面积水可以正常生长,但不耐旱。在酸性红壤上可生长。主要品种有嘉渔苕、东安苕、油苕、花苕等。光叶紫花苕子适期早播是争取高产的首要条件。长江以南在9月上旬至9月下旬播种,长江以北、淮河流域以8月中旬至9月中旬为合适。苕子种子每500克有2万～2.4万粒,每667平方米要求有基本苗5万左右。故早播的每667平方米用种量为2～3千克,晚播的、地力差的、盐分重的应当增加播种量。

第四,箭 豌豆 箭 豌豆又叫大巢菜、野豌豆、野菜豆、春巢菜等。1年生或越年生草本。原引自欧洲和澳大利亚,中国有野生种分布。广泛栽培于全国各地。

箭 豌豆适应性较广,不耐湿,不耐盐碱,但耐旱性较强。

性喜凉爽湿润气候,在 $-10℃$ 短期低温下可以越冬。种子含有氢氰酸(HCN),人、畜食用过量有中毒现象。但经蒸煮或浸泡后易脱毒。种子淀粉含量高,可代替蚕豆、豌豆提取淀粉,是优质的粉丝原料。主要优良品种有苏箭 3 号、6625、7918、西牧 333A、大荚箭豌等,种子含 HCN 量低的品种有 333A、879 和 791 等。

箭 豌豆秋播一般在 9 月中下旬至 10 月上旬,春播在 2~3 月间,但以酌情早播为好。每 667 平方米秋播套种需种子 4~5 千克,春播单种需种子 4~6 千克,留种地需种子 1.5~2 千克。用种量还与天气、地力、播种早晚等条件有关,凡天气旱、地力瘦、迟播的应适当多播。

第五,蚕豆 蚕豆又叫胡豆、佛豆、罗汉豆等。属 1 年生或越年生草本。原产欧洲和非洲北部,我国各地均有栽培,也是一种优良的粮、菜、肥兼用作物。主要于秋季或早春播种,多用于稻、麦田套种或中耕作物行间间种,摘青荚做蔬菜或收籽粒食用,茎秆和残体还田做肥料。

蚕豆性喜温暖湿润气候,对水肥要求较高,不耐渍、不耐旱。其品种很多,各地在长期栽培利用过程中选出了一批地方的优良品种,如四川青胡豆、南翔白皮、兴宁、莆田、广莆 3 号、日本白胡豆、四川大白胡豆、嘉定白皮蚕豆、南通白皮蚕豆、杭州田鸡青、安徽大青扁等。

蚕豆南方多秋播,一般在 9 月下旬至 10 月中旬播种。北方多春播,一般在 3 月中下旬播种。每 667 平方米播种 7.5 千克左右,如用大粒种应增至 10~15 千克。大多采用点播,行距 33~50 厘米,穴距 20~33 厘米,每穴播 2~3 粒种子,覆土 4~5 厘米。

第六,豌豆 豌豆为豆科豌豆属,1 年生或越年生草本。

全国各地均有种植,是重要的粮、菜、肥兼用作物。主要用于稻麦行间间种,多以嫩茎叶、芽苗、嫩荚做蔬菜,豆粒加工制罐或速冻供外贸出口,茎秆翻压做绿肥。

豌豆性喜冷凉湿润,种子在 4℃左右即可萌芽,能耐-4℃~-8℃的低温。对水肥要求较高,不耐涝,在排水不良的田块上易腐烂死亡。如遇干旱,生长缓慢,产量低。用作菜肥兼用的品种有早熟豌豆、中豌 4 号、绿珠、草原豌豆、小青荚、上农 4 号大青豆、食荚大菜豌豆、蜜脆食荚豌豆、无须豆尖1 号、早豆苗等。

豌豆在东北、华北、西北地区都在春季抢早顶凌播种。长江流域为秋播,在 10 月中下旬播种。华南及西南地区在 9 月中下旬至 10 月中下旬播种。豌豆播种量秋播每 667 平方米用种 4~5 千克,春播 8~9 千克。大粒种的播种量加大。用穴播或条播,行距 60 厘米左右,穴距 20~22 厘米,每穴 3~4 粒。

②夏季绿肥作物

第一,田菁　田菁又叫碱青、涝豆。豆科田菁属,1 年生木质草本。原产热带和亚热带地区。我国最早于台湾、福建、广东等地栽培,以后逐渐北移,现早熟种可在华北和东北地区种植。其种子有丰富的半乳甘露聚糖胶,是重要的工业原料。

田菁性喜高温高湿条件,种子在 12℃时开始发芽,最适生长温度为 20℃~30℃。遇霜冻时叶片迅速凋萎而逐渐死亡。其耐盐、耐涝能力很强,当土壤耕层全盐含量不超过0.5%时,可以正常发芽生长,但氯离子含量超过 0.3%,生长受抑制。成龄植株受水淹后仍能正常生长,受淹茎部形成海绵组织和水生根,并能结瘤和固氮,是一种改良涝洼盐碱地的重要夏季绿肥作物。

普通田菁的品种很多,适于北方种植的早熟品种有辽菁

1号、德农9号和惠民田菁等,适于中部地区栽培的有盐胶1号、华东、京选1号等,适于华南地区种植的有大膨菁、海南田菁、青茎田菁等。近年自非洲和东南亚引进的一种茎部结瘤田菁,原产非洲,其茎部可形成茎瘤,固氮能力比普通田菁高1倍以上,是我国一种有发展前途的新绿肥资源。但因生育期长,只能在我国南方开花结籽和成熟,经驯化今后可望逐渐北移。

第二,柽麻 柽麻又叫太阳麻、印度麻、菽麻。豆科野百合属,1年生草本。原产南亚,我国台湾最早引种,以后逐渐推广到全国各地。其前期生长十分迅速,多用作间套或填闲之用,也是一种重要的夏季绿肥。

柽麻性喜温暖,适宜生长温度为20℃～30℃。耐旱性较强,但不耐渍,在排水良好的田块上种植为好。枯萎病是柽麻的一种主要病害,严重时几乎绝产,忌重茬连作。近年来安徽选育的皖柽1号柽麻,具有较强的抗病能力,是当前的好品种,此外还有早熟柽麻、莆田柽麻、印度柽麻等。柽麻在土壤水分充足,气温在20℃时播种,出苗快,生长迅速,是一种良好的速生绿肥,作为短期绿肥优于田菁。在江苏扬州地区,5月下旬播种,生长40天,每667平方米可收鲜草1500千克。柽麻在江淮流域从4月下旬至8月中旬均可播种。每667平方米的播种量,作为短期生长需用种子5千克,一般绿肥田3～4千克,留种田2.5千克。

第三,草木犀 草木犀又叫野苜蓿、马苜蓿、野良香。豆科草木犀属。有1年生和2年生及黄花和白花草木犀之分。原栽培于我国北方地区,近年来已逐步南移。具有适应性广、产量高、种子繁殖系数大的特点。

草木犀耐旱、耐寒、耐瘠性均强。主根发达,可达2米以上,在干旱时仍可利用下层水分正常生长。在 $-30℃$ 时可越冬。在耕层土壤含盐低于 0.3% 时,种子可出苗生长,成年植株可耐 0.5% 以上的含盐量。草木犀养分含量高,不仅是优良的绿肥,也是重要的饲草。但植株含香豆素,直接用做饲草,牲畜往往需经短期适应。在高温高湿情况下,饲草易霉变,使香豆素转化为双香豆素,牲畜食后会发生中毒现象。

草木犀适播的地温为 $6℃\sim7℃$,春、夏均可播种,春播以 2 月至 5 月为宜,夏播不应超过 7 月,鲜草产量以早春 2 月播种为最高。一般做绿肥用的草木犀每 667 平方米用种子 $1.5\sim2.5$ 千克,留种田只需播 $0.5\sim1$ 千克。

第四,绿豆　绿豆为豆科豇豆属,1 年生草本。原产东南亚,中国有野生种分布,全国各地均有栽培。是一种优良的粮、菜(绿豆芽)、饲、肥兼用的作物,也是重要的豆类经济作物。多在春夏种植,间种于中耕作物行间或麦田复种。

绿豆性喜温暖湿润,种子在 $8℃\sim10℃$ 时开始发芽。生育期间要求较高的气温,最适生长温度为 $25℃\sim30℃$;对低温较敏感,遇霜冻易凋萎。耐湿性较强,但土壤过湿易徒长倒伏。在瘠薄地上可以良好生长。绿豆的品种很多,各地都有一些优良的地方品种,近年推广的良种有中绿 1 号、小绿豆、桂选 18、中绿 2 号、冀绿 1 号、冀绿 2 号、串辐 1 号、苏绿 1 号、绿丰 4 号、潍绿 1 号、秦豆 6 号、N98-2、鄂绿 2 号、明绿 245、小粒明 317、大粒明 492、房山绿豆、85 绿豆、南绿 2 号等。近年从东南亚引进的大绿豆又叫乌绿豆、番绿豆,种皮黑色,植株高大茂盛,分株性强,产草量高,但生育期长,仅适于南方栽培利用。绿豆生育期短,播种适期长,在许多地区既可春播,也可夏播,春播在 3 月中旬至 4 月下旬,夏播在 $6\sim7$ 月之间,个别地区可推迟到 8 月初。播种量每 667 平方米条播为 $1.5\sim2$ 千克,撒播为 4 千克,大粒种播种量较多,小粒种播种量较少。

此外,乌豇豆、印度红豆、饭豆等也都是很好的夏季绿肥作物。

③多年生绿肥

第一,紫花苜蓿　紫花苜蓿又叫紫苜蓿,是多年生豆科草本植物,是我国北方的主要牧草和绿肥作物。主要分布于我国西北和华北各省。在渭河和淮河流域内亦有种植。

紫花苜蓿性喜温暖和半干旱半湿润的气候。有一定的抗旱能力。耐寒性较强,幼苗能耐 $-5℃～-6℃$ 低温,健壮植株遇 $-20℃$ 的严寒,也能安全越冬。在含盐量在 0.3% 以下的盐土上也能正常生长。但最好是在 pH 值 $5.6～8.0$,排水良好的砂质土壤上生长。紫花苜蓿耐酸和耐湿的能力较差。如在低洼地或强酸性土壤上种植,应加强排水和采取施用石灰等措施。紫花苜蓿在地温 $5℃～6℃$ 时种子发芽、苗期生长缓慢,$1～2$ 年后长势旺盛,$6～7$ 年后逐渐衰老,应进行更新。紫花苜蓿的播期很长,春、夏、秋均可播种。但以 3 月中旬到 4 月上旬春播为好。每 667 平方米的播种量约 1 千克。若单播、刈草用、整地质量差、土壤瘠薄、干旱等应适当增加播种量。

第二,紫穗槐　紫穗槐又名紫翠槐、绵槐、鼬狄。为多年生丛生落叶灌木,属豆科植物。原产北美洲,我国北方栽培已久,现已推广到南方栽培。紫穗槐嫩茎叶营养丰富(含氮量比其他绿肥高出 2 倍),是一种优质绿肥与饲料作物,也是一种蜜源植物。它的枝条还可编织箩筐等用具。栽培于砂荒地,有防风固沙、保土护坡的功效。

紫穗槐的适应性很强,具有耐旱、寒、瘠、阴以及耐湿渍、耐盐碱、病虫少等特点。在土壤含盐量达 0.4% 时亦能正常生长。在淮北沙碱地上也长得很好。还可充分利用零星散地、路旁沟边、山坡种植,增加肥源。

紫穗槐春、夏、秋季均可播种,江淮流域一般在 3 月下旬到 4 月上旬播种育苗。紫穗槐常带荚播种,荚皮含蜡质不易吸水,需用热水浸种荚,以促进发芽。种荚放在 60℃ 的热水中,经 5 分钟,再放入冷水中,经一昼夜,捞出稍晾,即可播种。每 667 平方米苗床播种 3.5～5 千克。春播的苗在冬前或翌春移植。紫穗槐除育苗移栽外,也可在春秋雨季插条繁殖或在春、秋季雨后直播繁殖。

④水生绿肥作物　水生绿肥作物是一类繁殖快、产量高、养分全的有机肥料。其主要是吸收水中的养分,这些养分很难为陆生植物直接利用,而经水生绿肥积聚后,以饲料和肥料的形式供动物和陆生植物利用。因此,发展水生绿肥是解决饲料和肥料与粮、棉、油、菜争地的有效途径之一。过去曾经大力推广水生绿肥作物"三水二萍",所谓三水二萍即水浮莲、水葫芦、水花生和绿萍、细绿萍等。过去推广三水二萍除了充分利用水面,生产绿肥之外,据说还有净化水质的作用。但近年来许多湖泊受到污染,水质富营养化,水浮莲、水葫芦、水花生繁殖迅速,占据湖泊水面,这些水生绿肥又成为污染源,因此,对三水二萍又有不同的评价。如何正确的利用水生绿肥,可根据当时、当地的生产实践加以论定,现将绿萍及细绿萍简述如下。

第一,绿萍　绿萍又名满江红、红萍,是水生蕨类植物。它既能利用河、沟、塘等水面放养,又可在稻田放养利用。自从推广绿萍以后,从南方诸省逐渐北移,扩展到黄河以北地区。

绿萍茎短小,呈总状分枝,在侧枝上还有次生分枝,每个分枝均有顶芽(生长点),顶芽产生新的茎叶,使萍体扩大,以后分枝的基部发生断离,产生新的萍体。这种无性繁殖是绿萍的主要繁殖方式。绿萍的叶通常分上下两片，互生，彼此重叠，无柄。上片称背叶或同化叶，内有叶绿体，能进行光合作用。在其后半部下方，有一个阔卵形空腔，称为"共生腔"，内有固氮蓝藻与之共生，能固定空气中的氮素。同化叶在环境适宜时呈绿色，在不良条件下（如高温、低温或缺肥时）转为紫红色或粉红色，故有红萍之称。绿萍繁殖的快慢及其共生的固氮蓝藻的固氮能力，受温度、光照、养分、水质等因素的影响，尤以温度的影响为最大。据浙江省温州地区农科所观察的结果表明：绿萍最适生长的温度为 25℃左右，低于 15℃或高于 30℃生长繁殖显著减弱。若遇 0℃以下的严冬或 35℃以上的酷暑基本不长，甚至会造成死亡。盛夏的强光和冬季的弱光对绿萍生长不利。绿萍喜在水位稳定、水质肥而不污的水面上生长。

绿萍的生长期较短，凡前作收获后有一段时间空隙的水田，都可用来放养绿萍，到该地使用前放水倒萍、耕翻入土，其土壤称萍泥肥。萍泥肥既可做基肥，也能做追肥。据报道每 50 千克的干萍含粗蛋白质 8.4 千克、粗脂肪 1.4 千克、糖 1 千克，所以，绿萍亦是家畜、家禽的好饲料。

第二，细绿萍　细绿萍又名细满江红，满江红属。原产美国，1997 年从东德引入我国。从形态上看有平面浮生型、直立浮生型和湿生重叠形三种。和绿萍相比，细绿萍具有繁殖的起点温度低、耐热性差、耐旱性强、怕高温强光、耐盐性强等特点。细绿萍的繁殖有无性繁殖及有性繁殖两种，均与绿萍相同。

（二）生物肥料

生物肥料或称微生物肥料，也称微生物接种剂，简称菌肥。它是以微生物生命活动而导致农作物得到特定的肥料效应的一类制品,即通常所说的微生物肥料。微生物肥料与有机肥料、绿肥、化学肥料一样,是农业生产中使用肥料制品中的一部分。

微生物肥料具有两个方面的作用。其一,是通过制品中微生物的生命活动,增加了植物的营养元素的供应量,导致植物营养状况的改善,从而增加产量。其二,是制品中微生物的生命活动不限于提高植物营养元素的水平,它还包括产生植物的生长刺激物质,促进植物对营养元素的吸收,颉颃某些病原微生物,减轻病虫的危害。由此可见,微生物肥料用于环保型蔬菜生产,能减少化肥及农药的使用量,它不仅能大幅度地提高蔬菜的产量及品质,而且能逐步消除化肥及农药的污染,为环保型蔬菜生产创造了良好的条件。现将当前生产上有效的微生物的种类及使用方法分述如下。

1. 根瘤菌肥

根瘤菌肥又称根瘤菌剂。它是从豆科植物根瘤内的根瘤菌分离出来,加以选育繁殖而制成的产品。它是一种效果显著的微生物肥料。施入土壤后根瘤菌可与相应的豆科作物共生而形成根瘤。细菌在瘤内能将空气中的分子态氮转变为作物可以利用的氮化物。在固定的氮素中约有 75% 可供给作物直接利用,以改善作物氮素营养,其余的 25% 用于组成菌体细胞。细菌死亡后,其中氮素仍残留于土壤中,经分解又可为作物吸收。

根瘤菌与豆科作物共生具有"专一性"和"互接种族"的特点。前者指某一种根瘤只能与某一种或几种豆科作物共生形成根瘤,在其他豆科植物上则不能形成根瘤。如紫云英根瘤菌只能在紫云英上着生根瘤。后者指一种根瘤菌能与几种豆科作物共生形成根瘤。根据根瘤菌共生关系的这一特点,可将根瘤菌分成若干组,各种根瘤菌及其相应共生的豆科植物见表 7-26。

表 7-26　各种根瘤菌及其相应共生的豆科植物

根瘤菌名称	相应共生的豆科植物
花生根瘤菌	花生、豇豆、绿豆、赤豆、田菁、桎麻等
大豆根瘤菌	大豆、黑豆、青豆
苜蓿根瘤菌	紫花苜蓿、黄花苜蓿、草木犀等
豌豆根瘤菌	豌豆、蚕豆、苕子、箭　豌豆等
紫云英根瘤菌	紫云英
菜豆根瘤菌	菜豆
三叶草根瘤菌	三叶草

菌剂质量直接影响菌肥的增产效果。优质菌剂一般要求每克菌剂含活菌在 2 亿～4 亿个以上,菌剂水分以 20%～30% 为宜。菌剂要求新鲜、杂菌含量不得超过 10%。

菌剂质量的好坏与吸附剂及贮存温度有关。草炭中营养丰富,用草炭做吸附剂,菌剂中活菌率高。优质菌剂必须在 12℃ 以下的低温中贮存,因为高温会引起菌肥中水分蒸发,使活菌体大量减少。

接种高效根瘤菌剂,一般都能提高豆科作物与绿肥作物的产量。而且增产效果稳定,增产幅度一般在 10%～20% 以上。花生与大豆接种菌剂的效果与土壤肥力水平有关,土壤全氮与有机质含量低、磷素营养充足,接种效果明显。新垦地区用根瘤菌接种,增产效果更大。尤其对某些专一性强的作物,如紫云英、三叶草等。在新区引种必须接种相应的菌种,否则不能形成根瘤。在多年生豆科作物和施用过根瘤菌剂的土壤上,继续接种菌剂仍可获得增产效果。因为土壤中根瘤菌的存活率和成活年限是不一样的。在自然结瘤的情况下,往往降低固氮效果。

根瘤菌剂一般以拌种效果最好。500克的菌剂可拌大粒种子花生、蚕豆、豌豆、大豆等25～50千克,小粒种子紫云英、苜蓿等15～25千克。拌种的器皿为内壁光滑的瓷盆。拌种时要加少量新鲜米汤或清水,将菌剂调成糊状和种子充分拌匀,随即播种覆土。拌种应在阴凉处进行,避免太阳暴晒。拌过菌种的种子不能再用过磷酸钙拌种。如必要时,可将种子外面裹一层泥浆,将过磷酸钙先用少量草木灰中和其中的游离酸后再拌和,以免降低菌剂接种效果。如来不及拌种,早期追肥也有一定的补救效果。菌剂做追肥施用,可在豆科作物出苗后,用500克菌剂加水25～50千克,配成稀溶液,洒在作物根部,也可收到较好的效果。

2. 固氮菌肥

固氮菌也是一种细菌,主要由自生固氮菌和联合固氮菌两大类好气性固氮微生物组成。它们主要生活在各种植物根际和寄生在根表或根内,但寄生在根系上不形成根瘤。其功能与根瘤菌相同,但生物固氮能力比根瘤菌低得多。利用各种固氮菌经人工培养制成的各种剂型的固氮菌接种剂便是固氮菌肥。固氮菌肥虽然在各种作物上都可以用,但通常用做禾本科作物拌种剂,一般每667平方米面积使用0.5～1千克。

3. 解磷菌肥

目前生产上所用的解磷菌主要是细菌,一类是分解无机磷,另一类则分解有机磷。它们都能分别把土壤有机物中植物难以直接吸收利用的磷素(无效磷)转化为能利用的有效磷。

其主要功能是提高磷的有效性，其次是能产生某些生长活性物质，促进作物生长，提高产量。解磷菌肥在各种作物上都能用，在豆科作物上使用效果更好，既可做拌种剂，也可与有机肥一起施，一般宜早用，每 667 平方米用量为 1 千克。

4. 解钾菌肥

解钾菌肥又称硅酸盐菌肥或生物钾肥，生产用菌种为芽孢杆菌。它们能分解土壤中难溶性磷、钾等矿物营养元素。其主要功能是提高磷、钾的有效性，其次是能产生一些生长激素，促进作物生长，提高产量。解钾菌肥在各种作物上都能用，在豆科、薯类、瓜果等作物上使用效果更好，既可做拌种剂和蘸根剂，也可与有机肥一起做基肥施用，一般宜早用，每 667 平方米用量为 1 千克。

5. 其他微生物肥料

微生物肥料的品种还有许多，有的正在研究，有的则由于多种原因在应用上受到限制，现将其他微生物肥料的种类介绍如下。

（1）VA 菌根真菌肥料　VA 菌根真菌肥料是土壤中某些真菌侵染植物根部，形成的菌—根共生体。它能够大大加强植物利用磷和其他微量元素的能力，能够加强植物的抗逆性。

（2）微生态菌肥　微生态菌肥以有益微生物种群组成，能够改善植物生长环境，促进植物生长发育，改善农产品品质，增强作物的抗病性，提高作物的产量。

（3）抗生菌类肥料　这类肥料具有提高作物产量的作用，能够防治作物病虫害和刺激植物生长。一般作为复合微生物肥料的添加剂，现在市场上也出现了单独销售，防治土传病害的微生物肥料品种。

（4）复合菌肥类　复合菌肥具有两种情况：一种是由两种

以上有益微生物互不頡頏的复合在一起,另一种是用一种或多种微生物与植物营养物质复合在一起。复合菌肥生产的目的是为了提高接种的效果,但在目前复合或复混的机制仍然不太清楚的情况下,所产的产品效果并不十分显著。当前各种复合菌肥产品虽多,而质量参差不齐。

(5)活性堆肥 活性堆肥是指植物秸秆加饼粕和其他调节物质,在微生物制剂的作用下,发酵而制成的产品,它含有大量活微生物,起到微生物肥料的作用。

(6)有机、无机和微生物复合肥 有机肥、无机化肥和微生物肥复合在一起,一般制成颗粒,能够较好地解决养分速效和缓效的问题,能够解决大量养分合理利用的问题。

(7)"机丁"(甲壳)有机肥 "机丁"(甲壳)有机肥是由加拿大《加保集团》吴鉴池用天然的"机丁"(甲壳、虾壳、蟹壳)为主要原料制造的环保型有机肥料。该肥料已得到欧盟国际有机农业促进组织(IFOAM)、美国有机物质审核院(OMRI)及加拿大哥伦比亚省有机物质管理局认证,不含有任何激素、抗生素及重金属,不污染土壤、水分与作物,是确保安全生产环保型的产品。甲壳素不溶于水,能调节土壤酸碱性,能刺激土壤中有益微生物,控制及调节土壤中主要元素氮、磷、钾均衡持久地释放,甲壳素中含有钙、铁、镁、锰、硫等微量元素,以保证作物生长的需要。甲壳素还能促使作物分泌"机丁"酶,这种酶可以分解地下害虫的卵、蛹等含有"机丁"质的外壳及大部分真菌的细胞壁,从而减轻了地下病虫的为害、减少了农药的施用量。"机丁"酶也是天然的生长刺激素,能促进植物的吸收,加速作物的生长。据加保公司试验,在甘蓝、青花椰菜、毛豆等蔬菜作物上有显著的增产效果。该肥料属于新型的有机肥料,由于原材料及加工成本不低,价格昂贵,目前我国菜价偏低,一时还难以大面积或在多种作物上全面推广,可以在价格较高的精品蔬菜栽培上试用。

(8)其他微生物有机肥 环保型蔬菜生产必须以有机肥为主,微生物肥和化肥为辅。为弥补有机肥的不足,各地生产了许多微生物有机肥。它们具有肥效高、用量少、不脏臭的特点,很适于环保型蔬菜生产使用,现将主要使用的微生物有机肥列表如下(表7-27)。

表7-27 目前主要使用的微生物有机肥

肥料名称	性质及其特点	使用方法
三本农籽有机肥	含 N 12%,P_2O_5 6%,K_2O 7%,有机质10%,Ca、Mg 4%。中性,可改良土壤。有多类蔬菜专用复合有机肥	有基肥和追肥两种类型。使用方法见包装袋上的说明
益农微生物有机肥	有益微生物和有机质复混生物肥料	基肥667平方米施100千克。短期绿叶菜类,长期菜做穴肥施
超大微生物有机肥	天然海洋性、陆生性、优质有机营养物质为主要原料的固态微生物肥	基肥667平方米施 40 千克,追肥每次4千克
奥普尔有机腐植酸活性液肥	腐植酸、腐植酸盐及16种以上氨基酸有机营养成分,可激发土壤活力,提高土壤有机质及矿物质营养	常规土施或叶面喷施,667平方米每次74~100毫升原液加 600~1000 倍水喷施,施用 2~4 次,每次间隔10天
高效氨基酸复合微肥	含10余种氨基酸等有机营养液成分,可提高光合作用强度	原液加 300~400 倍水,叶面喷洒,做根外追肥
植物动力2003(PP2003)	含100多种有机、无机物,利用螯合技术制成植物营养液肥	原液加 1000~1400 倍水,叶面喷洒,做根外追肥

(三)化学肥料

1. 环保型蔬菜生产中化肥施用的原则

环保型蔬菜生产中有机蔬菜禁止使用化肥。绿色蔬菜及无公害蔬菜施肥应以有机肥为主,辅以其他肥料。化肥中以多元复合肥为主,单元素肥料为辅。施肥方法应以基肥为主,追肥为辅。尽量限制化肥的施用,如果确实需要,可以有限度地选择部分化肥施用,但应掌握以下原则。

(1)正确选用肥料 选用化肥既要考虑养分含量,又要选用含杂质少,尤其是含重金属及有毒物质少、纯度高的肥料,还要根据土壤情况尽可能选用不致使土壤酸化的肥料。要重视氮、磷、钾的配合使用,杜绝偏施氮肥的现象。特别要禁止使用硝态氮和含硝态氮的复合肥、复混肥等。

(2)严格控制化肥的用量 在控制化肥的用量中尤其要减少氮素化肥的用量。蔬菜种类繁多,生育特性与需肥规律相差很大,不同蔬菜栽培季节与栽培方式又多不相同,因此,要根据不同种类蔬菜的生育特性、需肥规律、土壤供肥状况以及肥料的种类与养分含量,科学地计算施肥量,并根据不同的栽培方式(如设施栽培与露地栽培),不同的栽培季节以及土壤、水分等条件灵活掌握。一般情况下,每667平方米一次性施入化肥不超过25千克。根据北京市安全蔬菜生产投入品暂行标准,氮肥的施用量可见表7-28。

表 7-28　蔬菜生产氮肥限量使用标准　(千克/667 米²)

类　别	纯　氮	蔬菜名称
速生叶菜类	8	小油菜、叶用莴苣
瓜果类	20	番茄、黄瓜、西瓜、甜瓜
结球叶菜类	15	大白菜、甘蓝
根菜类	12	白萝卜、胡萝卜

注:限量标准为一个生育期的施用量,每次用量标准要小于 0.4 千克纯氮,
　　建议总氮量的 50%为有机氮,50%为无机氮

(3)采用科学的施肥方法,坚持基肥与追肥相结合　基肥要以腐熟的有机肥为主,配合施用磷、钾肥;追肥要根据蔬菜不同生育阶段及对肥料的需要量大小分次追施。注重在产品器官形成的盛期,如根茎、块茎膨大期、结球期、开花结果期重施追肥。基肥要深施、分层施或沟施。追肥要结合浇水进行。化肥必须与有机肥配合施用,有机氮与无机氮的比例为 1:1 为宜。例如,施优质厩肥 1 000 千克,加尿素 10 千克(厩肥做基肥,尿素可做基肥和追肥)。化肥也可与有机肥、复合微生物肥配合施用。厩肥 1 000 千克,加尿素 5～10 千克,或磷酸二氢铵 20 千克,复合微生物肥料 60 千克(厩肥做基肥,尿素、磷酸二氢铵和微生物肥料做基肥和追肥用)。

(4)对于一次性收获的蔬菜　为避免硝酸盐在植物体内的积累,最后 1 次追施化肥应在收获前 30 天进行。对于连续结果的瓜果类蔬菜,也应尽可能在采收高峰来临之前 15～20 天追施最后 1 次化肥。

2. 主要化学肥料的组成和养分含量

为便于查阅和节约篇幅起见,现根据中国农业科学院土壤肥料研究所编的《化肥实用指南》中的资料,主要化学肥料的组成和养分含量见表 7-29。

表 7-29　主要化学肥料的组成和养分含量

化肥名称		主要化合物	养分含量(%)	备　注
氮 肥	碳酸氢铵	NH_4HCO_3	N 17	挥发性大
	硫酸铵	$(NH_4)_2SO_4$	N 20～21	
	氯化铵	NH_4Cl	N 24～25	
	氨　水	NH_4OH	N 12～16	挥发性大
	液态氨	NH_3	N 83	20℃时蒸汽压为7.7个大气压,需耐压容器贮存
	硝酸铵	NH_4NO_3	N 34	
	尿　素	$(NH_2)_2CO$	N 46	
	石灰氮	$CaCN_2$	N 20～22	有毒
磷 肥	过磷酸钙	$Ca(H_2PO_4)_2 \cdot 2H_2O$	P_2O_5 12～20	水溶性磷含石膏40%～50%
	重过磷酸钙	$CaH_4(PO_4)_2 \cdot 2H_2O$	P_2O_5 45 左右	水溶性磷不含石膏
	氨化过磷酸钙	$CaHPO_4 \cdot NH_4 \cdot H_2PO_4 \cdot (NH_4)_2SO_4$	P_2O_5 13 左右,N 2 左右	
	钙镁磷肥	$\alpha\text{-}Ca_3(PO_4)_2$	P_2O_5 12～20	柠檬酸溶性磷
	沉淀磷酸钙	$CaHPO_4 \cdot 2H_2O$	P_2O_5 27～40	柠檬酸溶性磷
	脱氟磷肥	$\alpha Ca_3(PO_4)_2$	P_2O_5 14～18	柠檬酸溶性磷
	偏磷酸钙	$Ca(PO_3)_2$	P_2O_5 64～67	柠檬酸溶性磷
	钢渣磷肥	$Ca_4P_2O_9$	P_2O_5 8～14	柠檬酸溶性磷
	磷矿粉	$Ca_5F(PO_4)_3$	P_2O_5 20～30	难溶性磷
	骨　粉	$Ca_3(PO_4)_2$	P_2O_5 22～23	难溶性磷

	化肥名称	主要化合物	养分含量(%)	备 注
钾肥	氯化钾	KCl	K_2O 50~60	
	硫酸钾	K_2SO_4	K_2O 50	
	窑灰钾肥		K_2O 6~10	
	钾镁肥		K_2O 30 左右	
	硝酸钾	KNO_3	K_2O 46	
复合肥料	硝酸磷肥	$CaGHPO_4 \cdot NH_4H_2$ $PO_4 \cdot NH_1NO_3$	N 20~26 P_2O_5 13~20	
	磷酸一铵	$NH_4H_2PO_4$	N 12,P_2O_5 52	
	磷酸二铵	$(NH_4)_2HPO_1$	N 18,P_2O_5 46	
	偏磷酸铵	NH_1PO_3	N 14 P_2O_5 70~73	
	磷酸二氢钾	KH_2PO_4	P_2O_1 24 K_2O 27	

3. 化学肥料的配比混合及贮存

(1)化学肥料的配比 单独施用一种肥料,一般不能满足作物生长的需要,即使含有氮磷钾的复合肥料,亦难恰好适合某种土壤供肥状况和作物对养分比例的需要。因此,按土壤特点与作物的需要,配制适宜养分比例的混合肥料,不但能提高肥料中养分的有效性,发挥养分之间的增益作用,而且还能改善肥料的物理性状,便于施用,节约劳力。但并非所有的肥料均能任意配合,如配制不善,将会引起养分损失,降低肥效、降低物理性状和降低施用性状。因此,在混合之前要根据各种肥料的性质和相互作用时的变化,考虑能否混合。在考虑能否混合时,应掌握下列原则。

第一，能改善肥料的物理性状。

第二，不使养分损失。

第三，有利于提高肥料的效果。

按照上述三条原则大致可分为三种情况：即可以混合、不可以混合及可以暂时混合，但不应久置（图 7-1，各种肥料可否混合施用示意图）。

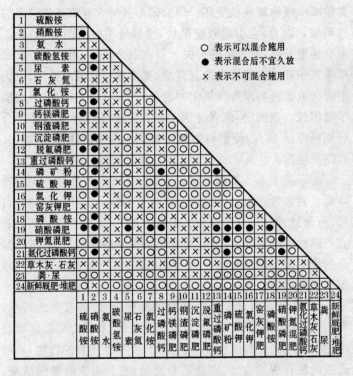

图 7-1　各种肥料可否混合施用示意图

①可以混合　两种以上的肥料经混合后，不但养分没有损失，而且有时还能取长补短，有利于作物生长，例如硫酸铵

与过磷酸钙或磷矿粉混合,因硫酸铵为生理酸性肥料,可增加过磷酸钙的有效性,特别是石灰性的土壤更是如此;再如硝酸铵和氯化钾混合后,生成氯化铵和硝酸钾,它们均具有较好的物理性,潮解性都比原来的肥料小,便于使用。

②可以暂时混合,但不宜久置　有些肥料混合后,立即施用,不致有不良的影响,但如果长期放置,就会引起有效养分含量减少或物理性状变坏。例如硝态氮与含有游离酸较多的过磷酸钙混合,会引起吸湿结块,增加施用时的困难,硝态氮也会逐渐分解,造成氮的损失。但在混合前后,用一些石灰或草木灰中和过磷酸钙中的游离酸,就不致引起氮的损失,但仍不应久放。再如尿素与氯化钾混合后,养分虽无损失,但增加了吸湿性。据测定,两者分别贮存 5 天吸湿约为 8%,而混合后则吸湿达 36%,使肥料物理性状变坏,增加施用的困难,故宜随混随施。

③不能混合　有些肥料混合后,会引起养分损失或肥效降低。例如铵态氮肥(硫酸铵、氯化铵)都不宜与碱性肥料(石灰、石灰氮)混合,否则均会引起氮的损失。又如过磷酸钙也不宜与碱性肥料混合,混合后会使可溶性磷酸含量下降。不能混合的肥料,只要相隔 1~2 天分别施用,就不致产生以上种种不良现象。

(2)化学肥料的贮存　化肥的品种很多,各有各的特性,有的本身性质不稳定,养分容易挥发损失;有的有较强的吸湿性、腐蚀性、毒性和燃烧性等。因此,要根据肥料的特性,采用适当的贮存保管方法,以防肥料变质、养分损失或吸湿结块,施用不便。所以,在贮存时应力争做到下列各点。

①低温干燥　温度和湿度直接影响化肥的质量。总的说来,温度愈高,湿度愈大,潮解、挥发或结块愈严重,对肥料品

质的不良影响也愈显著。碳酸氢铵吸水后在高温下自行加快分解，氮素的挥发损失增加。任何化肥都不能堆放在露地任其风吹、雨淋及烈日暴晒。任何化肥都应存放在干燥、凉爽的仓库里，尤其是硝态氮、尿素、碳酸氢铵、氯化钾等都应入库，并保持肥料袋或其他容器的完好无损。存放时，用木板垫起，距地面30～40厘米，施用前才能开启、秤量、施用。

贮存氨水等液体肥料时，贮存池必须遮荫加盖密封。此外，还要检查池子有否渗漏现象，防止养分流失。

②按类分堆贮存　在贮存多种化肥时，应按类分堆存放。不应混存、混堆，尤其不能将食物、农药、种子和菌肥与化肥混存，以免发生种子发芽率降低等事故。易燃、易爆的硝态氮肥更不可与硫黄、煤油、油布、木炭、藁秆等物品混存。此外，铵态氮肥不应与碱性肥料或碱性农药同库混存，以免增加氮素的挥发损失。

③采取防火、防腐蚀和防毒措施　化肥仓库都应禁止火源，并须备有沙包、灭火器等消防器材。

肥料中如含腐蚀物品或有毒物质，保存时应特别小心。过磷酸钙因含有游离酸，腐蚀性强，不宜长期存放在麻袋或铁质容器中，以免损坏包装、容器。氨水和石灰氮等对人体、家畜的眼、鼻、肺的粘膜部位有强烈的刺激作用，有害健康，操作时必须戴上口罩、风镜、手套等，加强保护。

第八章　环保型蔬菜的
内在质量标准

环保型蔬菜的质量标准必须分别符合无公害蔬菜、绿色蔬菜及有机蔬菜的有关规定的产地环境要求、生产操作规程及安全卫生标准，在产地环境要求中的水、土、空气的安全卫生标准。保证生产过程中按规定使用化肥、农药、激素及转基因品种等确实执行。最后产品转入消费者以前经检测是否确实符合有关规定，如经检验合格，才能准予颁发无公害蔬菜、绿色蔬菜及有机蔬菜的认证证书及使用产品标志。

有关各种环保型蔬菜生产的产地环境标准、生产中使用农药、肥料的标准，在上述各章中已有介绍，不再重复。现将蔬菜生产中使用转基因品种、使用生长调节剂及产品中硝酸盐含量的问题，再补充如下。

一、关于转基因品种的使用问题

（一）有机食品的规定

根据国际有机作物改良协会（简称 OCIA）《1999 国际颁证标准》中规定称："基因工程技术直接违背了 OCIA 组织的基本宗旨和有机生产的目标，应禁止使用"。2002 年我国国家环境保护总局有机食品发展中心（简称 OFDC）在《OFDC 有机认证标准》中亦作了相应的规定："禁止在有机生产中使用基因工程生物及其产物"。OFDC 及 OCIA 的有机认证的基本

原则称:基因工程技术直接违背了下列原则(原文):

第一,有机认证是一种制度化的信任系统,可以使消费者识别和奖赏我们自然遗产的忠实管理者。

第二,有机生产强调自然过程及其管理。投入的物质是有效管理的附属物,而不是代替有效管理。

因此,有机食品是禁止使用一切转基因工程的有机体。这里所说的基因工程应包括:"重组 DNA、细胞融合、微观和宏观的 S 型包胶、基因缺失和复制、引进外来基因和改变基因位置等。它不包括培育、结合、发酵、杂交、体外受精和组织培养"。

(二)绿色食品及无公害食品的规定

目前,我国绿色食品及无公害食品的生产标准中,对转基因品种的使用问题尚未明确规定禁止使用。但美国将转基因品种的大豆低价向我国倾销,又收购我国常规品种的大豆供美国人民食用。上述行为足以说明转基因品种的安全性,严格地说绿色食品或无公害食品也不宜使用转基因的品种。转基因的品种由于 DNA 的重组、基因缺失和复制等,这些食品对人体健康和遗传有无不良影响,尚须相当长时间,甚至几代人的观察才能得到正确的结论。因此,绿色食品或无公害的食品对转基因品种的使用必须慎用或不用为好。

二、关于生长调节剂的使用问题

(一)有机食品的规定

根据国际有机作物改良协会(OCIA)《1999 国际颁证标

准》及中国国家环境保护总局有机食品发展中心（OFDC）2002年《OFDC有机认证标准》都规定禁止使用生长调节剂（或称荷尔蒙、激素或生长刺激素）。OCIA的标准中规定称"禁止使用所有合成的繁殖激素如IBA（吲哚-3-丁酸）及生长调节剂NAA（1-萘乙酸），但IAA（吲哚乙酸）是一种天然生长调节剂可以使用"。所以，在蔬菜生产中过去常用的、人工合成的保花保果或无性繁殖中促使扦插生根的激素应予禁止使用，必须用天然的生长调节剂或其他办法来解决。

（二）绿色食品及无公害食品的规定

根据绿色食品及无公害食品中对生长调节剂的应用应遵照我国蔬菜生产中禁止使用农药品种的规定执行。在禁用的农药中涉及到生长调节剂的有2,4-D等药品必须禁止使用。

（三）环保型蔬菜生产中防止落花落果
及促进扦插生根的具体措施

茄果类、瓜类等蔬菜，过去常依赖于2,4-D等生长刺激素保花保果。按照环保型蔬菜生产要求，一旦禁用人工合成的生长刺激素以后怎么办？笔者认为茄果类、瓜类蔬菜的落花落果或扦插生根之所以使用激素皆因生长环境不良的缘故，如高温、高湿、低温、弱光而引起缺乏雄花、授粉受精不良或不利于扦插发根，针对上述原因，克服的措施有下列各点：

1. 调节温湿度，创造授粉受精及促使生根的条件

如番茄、茄子等自花授粉的作物，在适温、适湿的条件下是可以自花授粉而结果的，但生育期内温度低于15℃或高于30℃常因授粉不良而落花落果，为此，在严冬或炎夏应采用加温、保温或降温措施，在适温条件下不用激素，可以自然结果。

同样原理,无性繁殖的扦插,在适温保湿的条件下不用激素也能自然发根成活。

2. 采用人工辅助授粉的办法保花保果

异花授粉的西葫芦早春因低温短日照,雌花多,雄花少,人工辅助授粉可以用少量的雄花,在较多的雌花上涂抹,促进结果。自花授粉的茄果类可以用振荡花朵(即用电动振荡器振荡花朵或摇动植株)促使花器内的花粉落入柱头上授粉。冬春棚室内栽培茄果类或瓜类蔬菜,也可在棚室内放蜂授粉,近年以色列、荷兰等国以及国内有些地方也已采用,其效果极佳。

3. 天然激素处理

有机食品如有天然激素还是允许用来防止落花落果或供无性繁殖扦插生根之用。绿色食品及无公害食品根据我国现有禁用农药的规定,除不允许用 2,4-D 外,天然激素及人工合成激素也可用来防止落花落果,如 25～50 毫克/千克的番茄灵或 20～30 毫克/千克的番茄丰产剂 2 号,均可用来防止番茄的落花落果。

三、关于蔬菜中硝酸盐含量的问题

如今一提起蔬菜产品的质量,不仅会想到农药残留的问题,同时还会想起蔬菜中硝酸盐含量的问题。为答复硝酸盐对蔬菜产品的质量关系,现将硝酸盐对人体的危害性、蔬菜中硝酸盐的来源、蔬菜中硝酸盐的限量标准及降低蔬菜中硝酸盐的各项农业技术措施等四个方面分述如下。

(一)硝酸盐对人体的危害性

蔬菜中硝酸盐对人体是否有害?早在 1959～1965 年欧洲

已发生中毒 15 例。2003 年 8 月 22 日扬子晚报报道某大学中心校区发生 60 名学生食物中毒,其祸首为亚硝酸盐。经研究证明:硝酸盐在人体内经微生物的作用,可还原成有毒的亚硝酸盐,亚硝酸盐可与人体血红蛋白反应,使之失去载氧功能,造成高铁血红蛋白症,长期摄入亚硝酸盐会造成智力迟钝。据报道,亚硝酸盐还可间接与次级胺结合形成强致癌物质亚硝胺,进而诱导消化系统癌变,如胃癌和肝癌。早在 1907 年就发现新鲜蔬菜中的高硝酸盐含量,蔬菜易于富集硝酸盐,人体摄入的硝酸盐有 81.2% 来自蔬菜。蔬菜又是人们每天必需的食物,这必然引起人们对蔬菜中硝酸盐含量的关注。控制蔬菜中硝酸盐含量的过多积累,是减少对人体危害的一个重要途径。

(二)蔬菜中硝酸盐的来源

氮素是植物的"生命元素",对植物的生长发育起着重要作用。植物主要从土壤中吸取氮素等必需的营养元素和水分,土壤中的氮素来自农业生产过程中施用的化肥以及有机肥中含氮化合物的降解,其中氮素化肥是蔬菜中硝酸盐的主要来源。无论是有机肥还是化肥,施入土壤后氮素通过复杂的转化过程,最终产物主要是硝酸盐。

过量地投入氮肥,不仅不能被作物全部吸收和利用,反而会转化成硝态氮在土壤中大量积累,造成地下水的污染。同时作物过量吸收硝酸盐,可导致其体内积累,最终造成产品内硝酸盐含量过高。

我国早已成为世界上化肥施用量最大的国家之一,仅 1995 年氮肥的损失就达 1 314.5 万吨,大量未被农作物吸收利用的氮素,以滞留、吸附、随水径流、反硝化等方式污染土壤和环境。过多的氮肥流入地下水,污染水源,人们饮用被氮素污染的水,其毒害比食用富含维生素C又含有较多硝酸盐的蔬菜,其危害性更大。因维生素C是一种很强的内源N-亚硝胺形成的抑制剂,能减轻硝酸盐对人体的危害。

(三)蔬菜中硝酸盐的限量标准

1. 国际上硝酸盐限量标准

根据王晶的资料认为:蔬菜中硝酸盐的限量标准应包括每千克蔬菜中含有多少毫克硝酸盐和每人每天允许摄入硝酸盐与亚硝酸盐的量(Acceptable Daily Intake,简称 ADI)两个方面的标准,现将各种蔬菜或各国的标准分别列表如下(表8-1,表8-2)。

表 8-1　不同国家部分蔬菜中硝酸盐限量标准　(毫克/千克)

国　　家	硝 酸 盐 限 量 标 准
FAO/WHO(1995)	0～3.7(体重,ADI 值)
欧共体(1995)	3.65(体重,ADI 值)
美　国	菠菜<833 干样质量(儿童) 菠菜<3600 干样质量(成人) 西葫芦、番茄:不得检出(儿童)
德国(前西德)	菠菜 250 鲜样质量(婴儿) 菠菜 900 鲜样质量(儿童) 菠菜 1200 鲜样质量(成人)
法　国	50(婴儿)
前苏联爱沙尼亚	马铃薯 30,白菜和黄瓜 160,甜菜 1800,胡萝卜 415 冬油菜 710,绿葱 1400

(王　晶)

表 8-2　不同国家蔬菜中硝酸盐限量浓度最大值或指南要求

（NO$_3^-$,毫克/千克鲜样质量）

蔬 菜	德国 (指南)	荷兰 (最大值)	瑞士 (指南)	奥地利 (最大值)	俄罗斯 (最大值)	欧共体 (最大值)
莴 苣	3000	3000(夏季) 4500(冬季)	3500	3000(夏季) 4000(冬季)	2000(露地) 3000(大棚)	3500(4~9月) 4500(10月~翌年3月) 2500(5~8月)
菠 菜	2000	3500(夏季) 4500(冬季) 2500 (1995年后)	3500	2000 (收获至7月) 3000 (7月开始收获)	2000(露地) 3000(大棚)	2500(4~10月) 3000(11月至翌年3月) 2000(加工产品,腌制/冷冻品)
红甜菜	3000	4000 (4~6月) 3500(7月~翌年3月)	3000	3500(夏季) 4500(冬季)	—	—
萝 卜	3000	—	—	3500(夏季) 4500(冬季)	—	—
菊 苣		3000(夏季)		2500(夏季)	—	—
甘 蓝			875	1500	900(夏季) 500(冬季)	
胡萝卜				1500	400(夏季) 250(冬季)	

（王　晶）

2. 我国硝酸盐的限量标准

我国对蔬菜中硝酸盐含量的重视较晚，至今尚未制订出比较完善的国内标准。但北京市在制订"放心菜"的标准时，对硝酸盐量值作了规定，见表 8-3。

表 8-3　蔬菜硝酸盐含量标准　(单位：毫克/千克)

蔬　菜　种　类	最高含量
小油菜、小白菜、菠菜、生菜、水萝卜	3000
芹菜、茼蒿、芫荽、茴香、莴笋	2000
伏白菜、大白菜、甘蓝	1500
西葫芦、冬瓜、苦瓜、丝瓜、白萝卜、青蒜	1000
菜豆、扁豆、豇豆	500
韭菜、大葱、生姜、蒜薹	500
茄子、辣椒、青椒、番茄、黄瓜	300

在无公害蔬菜生产中测定硝酸盐的含量，是用蔬菜的可食部分测定，参考的卫生标准分为四级，见表 8-4。

表 8-4　无公害蔬菜可食用部分硝酸盐含量分级标准

(单位：毫克/千克)

级　别	一　级	二　级	三　级	四　级
硝酸盐	＜432	＜785	＜1440	3100
程　度	轻　度	中　度	高　度	严　重
参考卫生标准	允许食用	不宜生食，可以熟食或盐渍	不宜生食或盐渍，可熟食	不允许食用

无公害蔬菜生产近年执行的标准瓜果、豆类蔬菜硝酸盐含量以不超过 785 毫克/千克为合格；叶菜、根菜类蔬菜硝酸

盐含量以不超过 1 440 毫克/千克为合格。

每人每天允许摄入的亚硝酸盐的卫生标准为 4 毫克/千克。

近年中国农业科学院蔬菜花卉研究所对 34 类蔬菜 350 个样品中,按蔬菜的农业生物学分类,硝酸盐含量均值可见表 8-5。

表 8-5　蔬菜硝酸盐含量　(单位:毫克/千克)

蔬菜种类	硝酸盐含量	蔬菜种类	硝酸盐含量
根 菜 类	1643	豆 类	373
薯 芋 类	1503	瓜 类	311
绿叶菜类	1426	茄 果 类	155
白 菜 类	1296	多年生类	93
葱 蒜 类	597	香 菇	38

为进一步完善我国蔬菜中硝酸盐的限量标准,我国国家标准物资管理委员会将于 2003 年参照国际标准及我国蔬菜实际含量,制订出比较全面,并与国际接轨的蔬菜中硝酸盐的限量标准。

(四)降低蔬菜中硝酸盐积累的各项农业技术措施

根据李海云、邢禹贤、王秀峰的研究认为控制蔬菜中硝酸盐的积累有下列各项农业技术措施。

1. 大量施用有机肥

施用有机肥具有保持地力,减少污染的优点。经试验,大蒜施用化学氮肥者,NO_3^- 含量平均为 576 毫克/千克,施农家肥者为 321 毫克/千克。小白菜施化肥者为 1 899 毫克/千克,用农家肥者为 876 毫克/千克。两者结果均可证明施化肥者,其硝酸盐的含量比施有机肥者高出 1 倍左右。施用有机肥料减少硝酸盐积累的原因：一是生物降解有机质，养分释放缓慢，适于蔬菜养分的吸收；二是有机质促进了土壤中反硝化过程，减少了土壤中硝态氮的浓度。

2. 控制氮肥的施用量

蔬菜中硝酸盐含量因氮肥施用量的提高而有明显的增加。在莴苣栽培中施用 $NaNO_3$ 0.56、112、224 毫克/千克土时，收获时 NO_3^- 占干物重分别为 0.12%、0.46% 和 0.61%；在菠菜栽培中施用尿素 100、200 毫克/千克土时，叶片中 NO_3^- 含量分别占干物重的 1.09% 和 1.61%，未加尿素的则为 0.14%。由此可见偏施和滥施氮肥是造成蔬菜品质恶化的主要原因。在保证蔬菜产量的同时，适当降低氮肥的施用量，能降低硝酸盐的富集。

3. 合理搭配使用不同形态的氮肥

不同的氮肥形态可导致不同 NO_3^- 的积累量，这种差异影响最大的因素是铵态氮和硝态氮的比例。在多种蔬菜作物上进行试验表明：不同比例的 $NH_4^- N$ 与 $NO_3^- N$ 混合施用，叶片中 NO_3^- 含量都有不同程度的降低，$NO_4^- N$ 所占比例越大，NO_3^- 含量降低越明显。其原因在于 NH_4 被植物吸收后立即参加含氮有机物合成，而 NO_3^- 则要先还原，后一过程需消耗额外能量，并在相应酶系参与下进行。因此，施铵态氮肥可使蔬菜和饲用作物产品中硝酸盐含量降低。

4. 局部施氮、后期控氮、分次施氮

局部施氮技术及后期控氮技术在降低蔬菜硝酸盐的积累中有很好的效果。用马铃薯的局部施氮效果的研究表明，氮素利用率得到了很大的提高，并且产品品质也有所改善。在水培莴苣实验中，在其生长前期用较高的氮素水平，而到后期停止

供氮,获得高产量又降低了硝酸盐的含量。在蔬菜生长后期的水培营养液中停止供氮后,发现菠菜的硝态氮浓度有所降低。分次施用氮肥是一个较为可行的办法,正确选择施氮日期,使植物在收获前同化掉所吸收的 NO_3^- 具有重大意义。

5. 适当施用含氯化肥

在肥效相当中等氮素水平条件下,用尿素、碳铵、氯铵处理,大白菜体内 NO_3^- 含量分别为 659 毫克/千克,638 毫克/千克,440 毫克/千克,可以看出氯铵对降低 NO_3^- 效果明显。任祖淦通过对多种肥料进行比较,认为氯铵是降低积累硝酸盐的氮肥。在蔬菜采收前 1 周用 Cl^- 代替营养液中的 NO_3^-,可使产品中 NO_3^- 含量明显下降。这是由于氯化铵中的 Cl^- 能减弱土壤中硝化细菌活性,从而抑制硝化作用的进行,使土壤中可供植株吸收的 NO_3^- 减少;同时由于维持渗透压的液泡内的 NO_3^- 为 Cl^- 所替代,这都能使植物硝酸盐含量降低。

6. 平衡施肥

为了获得优质高产的蔬菜,氮、磷、钾的合理搭配是很有必要的。磷、钾无论是单施或配合施用,均可降低蔬菜体内 NO_3^- 的含量,特别是单施钾比对照降低幅度在 $18\% \sim 43\%$,磷、钾配施降低幅度在 $5\% \sim 45\%$。在相同氮肥水平时,增施钾肥油菜中硝态氮含量下降。土壤缺磷是植物生长发育的限制因子,会间接促使 NO_3^- 的积累,而施磷则能降低 NO_3^- 水平。高祖明等认为氮磷比过大,是造成叶菜 NO_3^- 积累的根本原因。

7. 增强光照

保证正常光照是硝酸盐在植物体内同化并降低生长期浓度的决定条件之一。露地和保护地条件下,光照强度降低 20%,蔬菜硝酸盐含量增加 150%。强光照条件下可使菠菜的硝酸盐含量较之弱光照来得低。正常光照条件下，光合作用良好，植株生长量大，吸入的硝酸盐可被稀释而不致积累太多，同时还促进硝酸还原酶的合成，提高其活性，并为硝酸还原提供能量，因此，有利于硝酸盐含量的下降。

此外，在甘蓝的试验中表明：应用二硫化碳做硝化抑制剂，也能降低蔬菜作物硝酸盐的含量。根外喷施钼酸铵确能降低蔬菜硝酸盐，因为钼与植物硝酸还原酶关系密切。

第九章 环保型蔬菜的外在质量标准

环保型蔬菜无论是无公害蔬菜、绿色蔬菜或有机蔬菜至今都没有一个统一的外在质量标准。蔬菜的外在质量标准常因蔬菜品种、生产季节、生产地区、消费习惯、鲜食或加工的需要而异。外在质量标准在国内不能统一,在国际上更难统一。现仅按局部地区制订的标准,分内贸蔬菜外在质量标准及外贸蔬菜外在质量标准分述如下,以供参考。

一、内贸蔬菜的外在质量标准

内贸蔬菜外在质量标准一般都应符合新鲜、洁净、外观整齐、均匀美观、发育正常等要求。根据郁樊敏、丁国强的资料称,近年上海地区按洁净蔬菜生产的要求,制订了一套绿色蔬菜外在质量标准。这套标准是按上海地区蔬菜生产及消费习惯制订的,不能作为全国各地蔬菜外在质量标准使用,但可供各地今后制订当地蔬菜外在质量标准时参考。

(一)叶 菜 类

1. 青 菜

鲜嫩,晴天菜身干,矮萁,无病斑,无虫害,无黄叶、老叶,无烂斑,不起薹,根部无空心,无碎根,根削平,棵头均匀。

2. 小 白 菜

鲜嫩,无病斑,无虫害,无黄叶烂斑,无削散,棵头均匀,根削平。

3. 鸡 毛 菜

鲜嫩,窄叶,无病斑,无虫害,无子叶,无黄叶,无削散,长不超过 11 厘米。

4. 塌 菜

新鲜,晴天菜身干,无泥,无黄叶,无病斑,无虫害,中八叶、小八叶直径分别不超过 25、20 厘米,根削平,棵头均匀。

5. 菠 菜

鲜嫩,无病斑,无虫害,无子叶,无黄叶,无草,无泥,无白点,根不带须,不起薹,长不超过 21 厘米。

6. 荠 菜

新鲜,无泥,无黄叶,无杂草,无病斑,无虫害,根不带须。

7. 茼 蒿

鲜嫩,圆叶种,无泥,无根,无子叶,无黄叶,无病斑,无虫害,无烂叶。

8. 米 苋

鲜嫩,无泥,无黄叶,无白点,无病斑,无虫害,无杂草,不结籽,不带根须,长不超过 12 厘米。

9. 青 芹

鲜嫩,洗净,粗细均匀,无病斑,无虫害,无老叶,不起薹,削根,长度 35～50 厘米,理齐扎小把。

10. 草头(苜蓿)

鲜嫩,叶大,无黄叶,无杂草,无焦叶,无烂叶,长不超过 7 厘米(梗直线长度)。

11. 豌 豆 苗

鲜嫩,叶大,无黄叶,无杂草,无焦叶,无烂叶,长不超过 10 厘米(梗直线长度)。

12. 大 白 菜

心结实,无黄叶,无老帮,无虫蛀,无灰心,无夹叶,根削平,棵头均匀。

13. 甘 蓝

包心坚实,无老叶,无虫害,无灰心,无开裂,根削平,棵头均匀,棵重 250~1 250 克。

(二)茄 果 类

1. 茄 子

鲜嫩,光亮条细长均匀,无热斑,无虫洞,无花斑,不皱皮,无开裂,无断头,不烂。

2. 上 海 甜 椒

鲜嫩,个大肉厚,方圆形,色光泽,无虫蛀,无热斑,不烂,柄长不超过 1.5 厘米。

3. 圆 辣 椒

新鲜,灯笼形,光亮,无虫蛀,无热斑,不烂,个头均匀,柄长不超过 1.5 厘米。

4. 红 尖 辣 椒

新鲜不软,羊角形,光亮,色红达 90% 以上,不烂,个头均匀,柄长不超过 1.5 厘米。

5. 青 尖 辣 椒

新鲜,羊角形或枣形,色泽光亮,无虫蛀,无热斑,不烂,个头均匀,柄长不超过 1.5 厘米。

6. 番 茄

新鲜不软,成熟适中,圆整光滑,无硬斑,无热斑,无蒂结,平放不见开裂,不出水,个头均匀。

(三)瓜 类

1. 黄 瓜

鲜嫩,色略青,身条匀称(直径不超过4厘米),无虫蛀,无弯钩,无轴头,不断。

2. 瓠 子

鲜嫩,色略青,身条均匀(直径不超过6厘米),无斑点,不发花,不折断,无苦味。

3. 小 南 瓜

颈长,老结(充分成熟),肚皮小,表皮粗糙,瓜身无楞头,无斑疤。

4. 丝 瓜

鲜嫩色青,身条细直(直径不超过3.5厘米),无虫蛀,无花斑,不断。

(四)豆 类

1. 圆 刀 豆

晴天豆荚干,鲜嫩不软,色青,荚细长,无虫蛀,无花斑,无锈斑,不起筋,不带梗,每500克应有130多个荚。

2. 豇 豆

鲜嫩,荚细长均匀,无虫蛀,无锈斑,无朴荚(松软荚),无杂质,不着水(荚没浸泡过水)。

3. 毛 豆

新鲜不干瘪,豆荚饱满,无黄荚,无虫蛀,无杂质,不着水。

4. 蚕 豆

新鲜,晴天豆荚干,豆荚饱满,无杂质。

5. 扁　豆

鲜嫩，豆荚不饱满，无虫蛀，无花斑，无杂质，小荚，不着水。

（五）根 菜 类

1. 长白萝卜

洗净，皮色光滑，无泥，无刀伤，无开裂，无分杈，无灰心，无菊花心，无须根，不断头，个头均匀（筒子萝卜单个重 700 克以上）。

2. 圆萝卜

洗净，皮色光滑，无泥，无刀伤，无开裂，无灰心，无菊花心，无须，个头均匀，单个重 75 克。

3. 青萝卜

洗净，青皮青肉，无刀伤，无开裂，无菊花心，无须，不断头，个头均匀，单个重 200 多克。

4. 胡萝卜

洗净，粗壮，均匀，皮色光滑，无刀伤，无开裂，无菊花心，无须，不断，个头均匀，单个重 50 多克。

（六）薯 芋 类

1. 马 铃 薯

晴天薯身干，无泥，无刀伤，无虫洞，不干瘪，无芽，个头均匀。

2. 芋　艿

白梗或红梗，晴天芋身干，无散落小芋，无泥，无梗，无刀伤，无虫洞，无须根，个头均匀。

(七)葱 蒜 类

1. 细 香 葱

新鲜,洗净无泥,无烂衣,无白点,无焦梢,棵细,长不超过33 厘米。理齐或扎小把。

2. 青 韭

鲜嫩粗壮(叶宽 0.5 厘米以上),无黄叶,无白点,无焦梢,无泥,无杂草。理齐扎把,每把 250 克或 500 克。

3. 白头韭菜

鲜嫩粗壮(叶宽 0.5 厘米以上),无黄叶,无白点,无泥,无杂草,黄白头 5 厘米以上。理齐扎把,每把 250 克或 500 克。

4. 青 大 蒜

新鲜粗壮,洗净无泥,无焦梢,不抽薹。理齐或扎小把。

5. 鲜 蒜 头

无泥,无根须,不开裂,无散瓣,无刀伤,蒜梗不超过 3.3 厘米,蒜头横径超过 3 厘米。

6. 干 蒜 头

身干,色白,无泥,无根须,无刀伤,无霉蒂,无瘪蒜僵瓣,无散瓣,蒜梗不超过 2.6 厘米,蒜头横径超过 2.8 厘米。

7. 鲜葱头(鲜洋葱头)

晴天葱身干,圆整,无泥,无须根,无刀伤,无抽过薹的葱头,假茎长度不超过 1.5 厘米,个头均匀,单球重 125 克。

8. 干葱头(干洋葱头)

无泥,无刀伤,无热斑,无裂缝,不烂,假茎长度在 1.5 厘米以内,个头均匀,单球重 100 多克。

(八)其他蔬菜

1. 莴 笋

鲜嫩,菜身干,粗壮,无老根,无空梗,皮、肉不开裂,薹高(即笋长)不超过菜口,不折断,留叶不超过 1/2,直径不小于 2.2 厘米。理齐扎捆。

2. 花 菜

晴天花菜干,坚实,色白,不开散,无毛花,无虫蛀,带一层保护绿叶,根削至球平,花球均匀。

3. 茭 白

鲜嫩粗壮,肉白或略带草黄,无虫蛀,无锈斑,留嫩壳 1～2 张,壳长不超过茭白的 1/2。

4. 慈 姑

洗净无泥,无刀伤,无虫洞,大小均匀。

5. 竹 笋

新鲜,笋壳包紧,粗壮均匀,无泥,无刀伤,无阴笋,无鸟啄虫蛀,削老根,不断、不烂。

6. 冬 笋

新鲜,笋壳包紧,无刀伤,无阴笋,削老根,个头均匀,单个重 200 克以上。

7. 蘑 菇

菇身干,直径 2 厘米以内,菇柄 1.5 厘米以内,切削平,色白,可略有畸形、斑点,无空心,无虫蛀,无绿根,无泥,薄皮,不开伞。

二、外贸蔬菜的外在质量标准

中国蔬菜的类型品种极多,适于外贸的蔬菜仅是其中一小部分。外贸蔬菜需要远距离运输,除了少数蔬菜可以用保鲜的形式出口外,更多的蔬菜需经加工后出口。根据丁超、傅守江等材料,现将适于外贸出口蔬菜适于保鲜的外在质量要求及适于加工的外在质量要求(即对加工原料的要求)分述如下。

(一)薯 芋 类

1. 马 铃 薯

(1)保鲜的质量要求 要求薯形椭圆、表皮光滑、黄皮黄肉,芽眼浅,薯块整齐、干净,单重在 50 克以上,无霉烂,无损伤。

(2)加工的质量要求

①脱水马铃薯原料的质量要求 应选块茎大、表面光滑、表皮薄,芽眼浅而少,肉质白色或淡黄色,干物质不低于 21%(其中淀粉含量不超过 18%),无发芽的健康马铃薯为原料。

②法式油炸马铃薯原料的质量要求 选大小一致、凹凸少,无芽,无绿色,含淀粉多,含糖和水分少的新鲜马铃薯。

③马铃薯虾片原料的质量要求 选用无病虫害,无霉烂,无发芽,无失水变软的新鲜马铃薯。

此外,马铃薯出口的加工产品还有速冻土豆块、油炸薯条、干马铃薯片等,其原料要求与上述各种加工产品相仿。

2. 芋 头

(1)保鲜的质量要求 应将子芋、孙芋按大、中、小分级,大的 80～90 克,中等的 50～60 克,小的 30～40 克。同一箱中大小要求整齐一致,单重相差不超过 10 克,并要求均为椭圆形或近圆球形,形态、颜色均比较相近。凡是长柄仔、无毛仔、白头仔和已萌发过的露青仔,均不能出口,应予拣出。每箱一般装 10 千克,架高 3～4 层运送。

(2)加工的质量要求

①速冻芋仔　最好选用白梗品种的子芋或孙芋,不选用青头、长把或带紫梗的品种。要求芋头圆形或椭圆形,直径大于 2.5 厘米,每粒重 15 克以上。要求原料芋头纤维少,肉质嫩,无腐烂,无冻伤,无虫害等。在收购的原料中应抽样拣出异品种、二母、腐烂、冻伤、畸形、虫伤、过小、红筋等不适宜加工的芋头进行称重,计算百分比,合格率应在 90% 以上,视为合格原料。

原料经过挑选、整理、水洗、脱皮、整形、打圆后,可用机械和人工相结合的方法,将芋仔分为 4 个规格:

大粒　L:11～15 粒/500 克,单粒重 32～45 克

中粒　M:16～25 粒/500 克,单粒重 20～31 克

小粒　S:26～40 粒/500 克,单粒重 13～19 克

小小粒　SS:41～55 粒/500 克,单粒重 9～12 克

分级后再经浸泡、烫漂、冷却、沥水、速冻、包装、封口、冷藏。

包装是用纸箱,净重 10 千克,每 500 克装一袋,20 袋一箱。

②芋泥　制芋泥宜选含淀粉多,个体大小均匀,皮薄的球茎。剔除因病虫危害而腐烂变质不合格的球茎。

③芋头糖　选新鲜、个大、无病虫害、无腐烂变质的当年芋头做原料。

④芋果酱　选用淀粉含量高的鲜芋头做原料。

芋头的加工制品除了上述品种外,还有芋头淀粉、芋干、芋头凉粉等对原料的选择与上述各加工制品相仿。

3. 生　姜

(1)保鲜的质量要求　保鲜生姜对原料的选择必须先过两关:一是查窖关,即技术人员首先确认姜窖可以进入时,下到窖中查看,看窖井是否有水淹、有无病虫现象,如生姜在窖内受水淹、有病虫现象则不宜收购。二是挑选关,对每块生姜是否有病症,生姜上沾有泥沙的多少。在此基础上再查看生姜的质量,要求新鲜、姜球胖、金黄色,淘汰伤皮、干皮、变色、带茶色、带泥土、虫蛀、发病、发霉等姜块。

姜块应分级包装,每箱 20 千克,箱内留有空隙,以防压碎大姜块。一般出口鲜姜的姜块分为 M、L、LL、LLL 四个等级,M 级为 150~200 克、L 级为 200~250 克、LL 级 250~300克、LLL 级 300~350 克。成品箱装满后一垛一般码 5~6 箱,四个级别单独码垛,垛间有明确分界线,温度保持在 13℃左右,空气相对湿度 90%。

(2)加工的质量要求　加工出口的生姜有风干姜、速冻姜、脱水生姜片、姜汁、姜油、姜酒、姜糖浆、姜糖饼等,其原料的选择与保鲜生姜相同。一般都采用成熟的新姜,经过窖藏一段时间,姜块各枝顶部已完全愈合的老姜。

此外,在加工出口的生姜中还有腌渍姜芽、白糖姜片、红姜片、五味姜、糖醋酥姜、酱生姜片等都采用嫩姜。嫩姜是在初秋天气转凉、植株生长旺盛时采收,这时采收的新姜组织柔嫩,含水分多,辣味轻,产量较低,一般每 667 平方米仅产600~700 千克。产品不耐贮藏,只供腌渍、糖姜或短期鲜食之用。

4. 山 药

(1)保鲜的质量要求 选长度在65厘米以上,上端粗度5～6厘米以上的山药,拣除畸形、弯曲、机械损伤、有病虫危害、颜色不正的山药,用清水洗净泥土、剪去须根。按外商要求的长度或切成54～85厘米的段。切口上沾纯净的石灰粉,再按要求的数量装入塑料袋,再装箱出口,每箱10千克。

(2)加工的质量要求 外贸出口的加工山药有山药干及脱水山药片。其原料要求与保鲜山药同。

(二)根 菜 类

1. 牛 蒡

(1)保鲜的质量要求 保鲜牛蒡采收时距地表10厘米处割叶,深挖出牛蒡,保持全株完整,去尽泥沙。然后在距叶柄1.5厘米处切齐、分级。每3千克左右捆成一捆,送冷藏加工厂。先用清洁卫生水冲洗干净,切头去尾,去净根毛,装入箱内,冷藏室内冷藏。

出口的标准为条形光直,全株完整,无病虫害,无斑点,无分杈,无空心,无机械损伤,无腐烂变质。一级品长度70厘米以上,直径2～4厘米;二级品长度50～69厘米,直径2～3厘米;三级品长度49厘米以下,直径1～3厘米。

(2)加工的质量要求

①速冻牛蒡块 要求组织鲜嫩,乳白色,块形一致,长度1.5～2.5厘米到10～15厘米不等。产品用纸箱包装,净重10千克,每500克装一塑料袋,20袋装一箱,加工前所用的原料与保鲜牛蒡的质量要求相似。

②脱水牛蒡片 原料与鲜牛蒡的质量要求相似。

③酱渍牛蒡条 原料与鲜牛蒡的质量要求相似。

2. 萝卜

(1)**保鲜的质量要求** 外贸出口的保鲜萝卜,各进口国都有一定的品种要求,都应达到固有的形状、色泽,没有空心、无病虫、无冻害、无受伤,无歧根及裂根,叶柄切除原则上应在15厘米以内,没有泥沙及其他异物附着。

(2)**半干萝卜的质量要求** 半干萝卜出口到日本,常用耐病的理想大根、耐病宫重等品种。半干萝卜的原料应选长度40～50厘米,单重800～1 200克,条形匀称,无分权、无病虫斑痕、无机械损伤的个体,去掉枯黄老叶,保留1/2～3/4的叶片,以供清洗。

半干萝卜加工的程序为支架、选料、清洗、晾晒、上盐、装箱。在采收前几天择通风透光、四周开阔地点搭人字架,每个支架设2～3层架杆,每层间隔60～70厘米,最下层距地面80厘米以上。萝卜在流动水中清洗,刷去泥沙、根痕、黑线、黑点,至洁白为度,叶片也要清洗干净。晾晒时将叶子扎在一起结成对,挂在支架上间距5厘米,晾晒5～8天。晾晒的标准是全身软瘪,手感无硬心,萝卜头尾相接而不断,呈现自然黄白色。晾晒过程中如遇下雨,则应提前用干净的塑料薄膜覆盖,或移至室内通风、无污染的绳架上挂晾,天晴后再挂出。切勿将萝卜挂放在树行中、树枝上或墙壁上,也不可摊放在屋顶或地上。否则,不仅延长了晾晒的时间,而且形成阳面已经晾干,背面却脱水不良,造成干湿不匀,根中有硬心,表皮发黑,不符合出口标准。晾好的萝卜,削去全部叶片,切去尾,放入包装箱内,一层萝卜放一层盐,木板箱内衬双层塑料袋,每箱萝卜净重500千克。

(3)**盐萝卜** 与半干萝卜一样,采用耐病的理想大根、耐病宫重等品种,收下的萝卜经修削洁净,加7%～10%的盐。

直径 3 厘米以上,按每个重量分为:L 级:1 300～1 600 克,35～45 厘米长;M 级:1 000～1 300 克,35～45 厘米长;S 级:700～1 000 克,35～45 厘米长。用纸箱包装,内衬塑料袋,每箱净重 10 千克。

(4)扬州萝卜头 以扬州晏种萝卜为原料。该品种圆整、皮白、光滑、根痕小的萝卜,经扬州传统工艺加工,讲究香、味、形,具有鲜、甜、脆、嫩四大特点。

(5)萧山萝卜干 以萧山一点红萝卜为原料。用当地的传统工艺加工成密封坛装的萝卜干,贮运上市。

(6)如皋萝卜条 外贸上称江苏萝卜条。以如皋鸭蛋头萝卜做原料,用当地的传统工艺制成。凡供外贸出口的商品还必须经挑选、包装,剔去长条、大耳片、薄片、肥片、边片、空心片。留下橘形片,条长 5～8 厘米,厚 1 厘米,色泽基本一致,经整形、除黑箍、黑斑、毛质、杂物及头尾部。经鉴定验收后用原卤淘洗复制,即可包装出口。

3. 胡 萝 卜

(1)保鲜的质量要求 作为保鲜出口胡萝卜要求肉质根肥大、外皮、肉质、中心柱皆为橙红色,且中心柱较细,形状整齐、质地脆嫩、表面光滑。无病、无虫、无冻伤,无歧根及裂根,根头部没有显著绿化,叶柄切除良好,没有泥沙及其他异物附着。出口到日本的标准,按每个重量分为:S 级:60 克以上,M 级:100 克以上,L 级:170 克以上。春夏胡萝卜还有 2S 级:40～60 克,秋冬胡萝卜则有 2L 级:250 克以上。胡萝卜的包装用 390 毫米×250 毫米×190 毫米的纸箱,每箱净重 10 千克,置于 0 ℃,90%～95% 的空气湿度条件下,可保鲜 4～5 个月。

（2）加工的质量要求

①脱水胡萝卜粒　加工用的脱水胡萝卜粒的原料应选择表皮光滑，色为鲜橘红色，健康的新鲜胡萝卜。其长度为18～25厘米，两端粗细均匀，直径在2.5～4厘米，红度一致、心柱细、干物质含量高。

②盐水胡萝卜罐头　罐藏胡萝卜采用橙红色种，要求直根形态完整，表面光滑，内部完全呈橙红色或红色，髓部不明显，粗纤维少，无木质化现象。干物质含量在11.5％以上，含糖量不少于4％，胡萝卜以成长期幼嫩时采收的质量较优。直径大于2厘米的胡萝卜一般不宜做加工罐头，老而大的胡萝卜直根可以切段或切丁。

③速冻胡萝卜条、丁、块　原料要求参照盐水胡萝卜。

4. 辣　根

辣根主要出口到日本作调味品，因根中含有芥子油，日本人称为芥末，是吃海鲜的主要调料。江苏省盐城等地以脱水辣根片及速冻辣根出口。加工时对原料的要求是肉质根粗，直径达2厘米以上，削平根头、根尾、剪去须根、清除泥土，且无机械损伤，无病虫斑点，无烂坏变质，无污染，无空心。

（三）葱 蒜 类

1. 大　蒜

（1）保鲜的质量要求

①蒜薹（蒜苗）　保鲜蒜薹出口要求组织鲜嫩、粗细均匀、品质良好、无粗纤维感、无白斑病薹、无划破薹及其他机械损伤。长40厘米以上，横径大于6毫米，基部白色部分小于10厘米。

②蒜头　收购直径在5.5厘米以上，表皮洁白、干燥，无

霉变,无虫蛀,无腐烂,无刀伤,无碰伤,无发芽,不干瘪,无畸形,无糖化(蒜头碰、跌、日光灼伤之后出现的颜色变褐、质地变软),无异味的大蒜头。出口的大蒜头直径应在5厘米以上,7厘米以上者为一级,6厘米的为二级。蒜头每10千克用尼龙网袋包装,外面装纸箱即可出口。

(2)加工的质量要求

①糖醋大蒜 糖醋大蒜应选用鳞茎肥大、皮色洁白、肉质鲜嫩的大蒜头。将其分级整理,即特级每千克20只,甲级每千克30只,等外每千克30只以上。

②脱水大蒜 脱水蒜片的原料要求色泽洁白、蒜瓣大、形态正常、老熟健康、品种一致。

③脱水阔叶大蒜 其原料要求叶片鲜嫩,无黄叶,无斑点,叶阔,长度在50厘米以上,原料新鲜。

④脱水蒜粉 原料与脱水大蒜相同,加工中多了一道粉碎过筛程序。

⑤白玉蒜米(咸蒜米) 其原料要求蒜瓣完整,无虫伤,无霉烂,无发热和变质等,并剔除小蒜头和独头蒜。

⑥速冻蒜米 其原料选用与白玉蒜米同。

⑦蒜油 其原料应选无虫,无霉烂,无变色,无发黄的大蒜。

⑧蒜泥 其原料可选用优质大蒜瓣,也可用腌渍蒜头、蒜米、蒜片等加工剔出来的三级以下的小蒜头为原料,但要剔除霉变、糠心等烂瓣。

⑨速冻蒜薹 速冻蒜薹规格分三级:L级25~28厘米,M级:12~15厘米,S级:5~8厘米。用纸箱包装,净重10千克,每500克一塑料袋,20袋一箱。

2. 大　葱

(1)保鲜的质量要求　大葱保鲜多数运销日本、韩国。按日、韩的要求其原料应选色泽良好，无凋萎迹象，无腐烂，无变质或抽薹的植株，无病虫或机械损伤，没有附着泥沙和异物，切叶时葱白长度应占整个植株的1/3。根据葱白的长度和粗度，在日本分为M、S、M粗、S粗四级。直径7～20毫米、长30厘米以上为M级；不足30厘米为S级；直径20毫米以上、长30厘米以上为M粗级、不足30厘米为S粗级。青葱株高40厘米以上即可，包装用纸箱或塑料袋。纸箱大小有两种：装5千克纸箱长60厘米，宽25厘米，深12厘米；装10千克纸箱长宽同上，深20厘米。青葱装10千克塑料袋长60厘米、宽25厘米、厚0.03毫米以上。装5千克塑料袋长60厘米、宽23厘米、厚0.03毫米以上。置于0～1℃、90%相对湿度条件下，可保鲜2个月。

(2)加工的质量要求

①速冻葱花　原料应选白长叶绿，无白斑、无干尖、无破烂叶大葱。加工葱花时切割的长度及包装的要求，应根据客户的需要而定。

②脱水葱段　原料应选细青葱为主，加工时一般切成5毫米、10毫米的段，或依客户的要求而定。用瓦楞纸箱内衬防潮铝箔袋和塑料袋包装，每箱净重20千克。

3. 洋　葱

(1)保鲜的质量要求　出口洋葱主要是黄皮圆球和白皮圆球洋葱，要求鳞茎大、质地脆嫩、组织致密、品质优良、葱头良好、无病变霉斑、无畸形、无双心、无机械损伤、无干瘪或发软、表面干净、保留一层老皮。一般雨天不能收购，贮存时不能让雨水淋泡，否则洋葱会"烂心"，洋葱还应防止碰伤及太阳暴晒,暴晒会破坏内部组织而引起腐烂。

洋葱收获后应置于阴凉通风处晾干,经 4～5 天待外皮干燥有光泽时剪去过长的假茎,一般留假茎 1～1.5 厘米为宜。在剪假茎时用竹片削制的小刀,将泥土和须根刮净。经过挑选的洋葱分级装入包装箱内或网袋中。分级的标准以洋葱直径为标准。M 级:7～8 厘米;L 级:8～9 厘米;2L 级:9～10 厘米;3L 级:10 厘米以上。包装常用纸箱或网袋,装 20 千克。纸箱的长宽高分别为 42～48 厘米、30～32 厘米、26～28 厘米。网袋长宽分别为 80～84 厘米、40～43 厘米,重 40 克以上。鲜洋葱包装后置于 0℃、65%～70% 的相对湿度条件下,可以较长时间的保鲜。

(2)加工的质量要求　脱水洋葱片:原料应选用中等或大型的健康鳞茎,要求葱头老熟,结构紧密,颈部细小,肉质呈白色或淡黄色,辛辣味浓,无青皮或少青皮,干物质不低于 14%。品种以南京农业大学 9866、天津黄皮、南港白球、斯柯平、O-P 黄、O-K 黄、O-L 黄、大宝、地球等品种为好。脱水洋葱片一般用瓦楞纸箱内衬防潮铝箔袋和塑料袋包装,净重 20 或 25 千克,成品置于 10℃ 保温库中待运。

4. 薤　头

薤头一般以咸薤头出口,由罐头食品厂或酱菜加工厂收购加工,其加工的原料要求鳞茎明显膨大,如指状,单重在 5 克以上,大小比较均匀,色泽洁白,无青皮,无病虫伤,无干瘪,无霉烂变质。

5. 韭　葱

外贸出口的韭葱都加工成脱水韭葱,其原料要求叶子鲜嫩、无黄叶、无斑点、叶阔、长度在 50 厘米以上。经脱水加工品要求色泽鲜艳,叶绿色,茎乳白色或淡黄色,含水量不超过

7.5%。韭葱叶加工成品,每箱装 10 千克;韭葱茎加工成品,每箱装 15 千克。先用复合薄膜袋包装,然后进行密封,装入纸箱,堆放在高燥的仓库中,防止受潮变质。

(四)茄果类

1. 番　茄

(1)保鲜的质量要求　鲜食番茄要求果肉紧密,无明显空洞,具备品种特有的形状;果脐小,色泽良好,洁净,无附着的异物和异常的水分。出口日本的鲜食番茄按质量分为两个等级。

A 级:品质、形状、色泽及果实一致性良好,脐成点状,着色均匀,没有混入伤害果、过熟果、病虫害果、异品种果、空洞果及其他缺陷果。

B 级:是符合最低标准,次于 A 级的果实。但要求着色良好,没有伤口,没有裂果。

表 9-1　出口日本不同等级番茄每箱包装个数

级别	容器	1号容器(净重 4 千克) 430 毫米×280 毫米×75 毫米	2号容器(净重 8 千克) 400 毫米×300 毫米×150 毫米
A	2L	15 之内	30 之内
	L	18	36
	M	24	48
	S	28	56
	2S	32 或 35	—
B	L	13～18	36
	M	24	48

外用纸箱包装,耐压 350 千克以上。置 6℃～8℃、85%～

90％相对湿度条件下,可保鲜 35 天左右。

(2)加工的质量要求

①番茄酱　生产番茄酱的原料要求果实红熟一致,无青果肩或青、黄斑块,果肉厚度达 6 毫米以上,果肉、胎座部分均为鲜红色,种子周围胶状物红色或橙红色,绝对不能为绿色,种子较少,果蒂小而浅,果脐也小。无病虫伤斑,无破碎,无裂果。番茄红素含量在 7.5 毫克/100 克鲜重,可溶性固形物含量在 4.8％以上。

②番茄汁　生产番茄汁的原料,基本与番茄酱的原料要求相同。但要求风味更为浓郁,可溶性固形物含量达 5％,总固形物含量达 6％左右,果汁酸碱度(pH 值)4.2,维生素 C 含量 10 毫克/100 克鲜重。

③整形番茄　生产整形番茄的原料要求,除与生产番茄酱的原料收购标准相同外,还要求单果重在 40～60 克之间,果实梨形、长圆或长卵形,整齐一致,果形指数(纵径/横径)在1.2～1.6 之间,较易去皮,去皮后果肉光滑红润,看不到明显的维管束,维生素 C 含量在 10 毫克/100 克鲜重。

2. 辣椒与甜椒

(1)保鲜的质量要求　辣椒很少有鲜椒出口。保鲜甜椒出口到日本的要求是:具有固有的形状和色泽,果实表面没有因老化褐变,果柄切除适当,果实表面没有褪绿白化。按日本每个果实的标准重量的大小分为:L 级 40 克、M 级 30 克。数量标准:小袋包装净重 150 克,L 级 4 个之内,M 级 5～7 个。纸箱包装 60 袋,纸箱规格为 454 毫米×294 毫米×286 毫米,耐压 380 千克。置于 7.2℃～10℃、90％～95％相对湿度条件下,可保鲜 2～3 周。

(2)加工的质量要求

①辣椒干　加工辣椒干的原料应选择果实均匀全红，无黄、白和杂色斑块，表面光泽，自然含水量在14％以下，充分晒干，以手摇动果实，可听到种子与果皮相碰的沙沙声。果形细长，较整齐一致，无畸形果，无破碎果，无鼠咬，无虫伤，无回潮和霉变。

②辣椒粉　原料要求与辣椒干相同。

③速冻青椒　原料应选成熟度适宜、组织鲜嫩、果肉肥厚，果形一致，大小均匀，无腐烂，无虫蛀，无病斑，无损伤。

3. 茄　子

鲜茄子不耐贮藏运输，外贸出口常加工成盐渍茄的形式出口。盐渍茄子加工后的质量，椭圆形茄子要求直径是8～11厘米，重量为生果的50％以下；长茄子要求直径3.5厘米，重量为生果的45％以下，盐度要达到22度以上。合格品要求果肉的颜色与果皮一致。产品放在木箱内，箱内放2层塑料袋，外加编织袋，每箱净重500千克。

（五）瓜　类

1. 黄　瓜

(1)保鲜的质量要求　保鲜黄瓜的出口标准一般可以分为A和B两个等级。没有达到等级标准的作为C级。

A级标准为：生长适度，色泽良好，具有品种特性，果形良好，弯曲程度在2厘米以内，果实洁净，没有混入缺陷果。

B级标准为：果形弯曲程度在4厘米之内，大致有轻微缺陷果，其他标准同A。

数量标准：每一包装单位净重5千克或10千克，长形种也可使用8千克的包装箱。瓦棱纸箱规格5千克为390毫米×250毫米×95毫米,10千克为390毫米×250毫米×180毫米。耐压分别为380千克和450千克。置于7.2℃~10℃、90%~95%的相对湿度条件下,可保鲜10~14天。

(2)加工的质量要求

①罐装黄瓜原料质量要求　瓜条整齐均匀,上下粗细基本一致;瓜条长10~12厘米,粗1~1.5厘米,肉质较厚而致密,单重20~27克;表皮绿色,着色均匀,光滑无棱,无或极少刺瘤;瓜把短,无病虫伤斑,无机械损伤,无细腰,无大肚,无尖嘴等畸形瓜;瓜条新鲜,未失水软瘪。

②盐渍切片加工黄瓜原料质量要求　黄瓜单重250~300克,长35~40厘米,粗3.0~3.5厘米;把短条直,瓜皮深绿,着色均匀,有光泽;无棱沟,无刺瘤或刺瘤稀疏,瓜肉厚,种子腔小,内无种子发育;无病虫伤斑,无机械损伤。采下的黄瓜应立即装筐运送加工厂,因黄瓜含水量高,放置较久会失水变软,甚至发黄。

2. 南　瓜

南瓜常以加工品出口,其产品有下列各种。

①脱水南瓜片　其原料应选风味好、表皮平滑、肉质呈橘红色的老熟南瓜。

②南瓜粉　其原料与脱水南瓜片相同。

③速冻南瓜　其原料要求新鲜,皮呈深绿或橘红色,切成块状速冻。

3. 瓠　瓜

瓠瓜是出口创汇的一新品种。出口的瓠瓜主要是从日本引进的甜食葫芦,该品种根系发达,分布范围广,但根系较浅,既不耐旱,又不耐涝。食用嫩瓜,单瓜重5~10千克。加工成干葫芦条形式出口。留种的老熟瓠瓜重可达15~20千克以上。

　　瓜类蔬菜中供外贸出口的,除了黄瓜、南瓜、瓠瓜之外,近年还有白瓜(即越瓜、脆瓜、梢瓜),以盐渍形式出口日本。

(六)豆　类

1.蚕　豆

　　蚕豆都以加工成蚕豆罐头、速冻蚕豆出口。其原料要求豆荚新鲜饱满、呈青绿色、豆粒已明显鼓起;剥开豆荚,可见豆粒种脐已显微黑,皮淡绿色,豆粒长度大于2厘米,无虫蛀,无斑点,无破裂,无干瘪的现象。

2.豌　豆

　　(1)保鲜的质量要求　鲜豌豆荚的出口标准有二。

　　A级:具有品种固有的形状和色泽,无病虫或伤害,没有腐烂变质,没有过熟,没有混入其他品种,荚柄切除适当。

　　B级:固有的形状和色泽次于A级,籽粒稍微大的为B级。

　　大小标准在日本按每个荚的长度分为L级10厘米以上,M级5～10厘米。重量标准:每1包装单位净重2千克或4千克。包装标准:用纸箱或合成树脂筐,大小尺寸,2千克的为43厘米×26厘米×5.5厘米,4千克的为43厘米×26厘米×10厘米。置于0℃～1℃、85%～90%的相对湿度条件下,可保鲜6周。

　　(2)加工的质量要求

　　①速冻豌豆粒原料的质量要求　应选白花品种,由工厂剥去荚壳,要求豆粒饱满,粒径8～10毫米,百粒鲜重30～45

克,色泽鲜绿,鲜嫩,无病虫,无老硬豆粒,无红花豆粒,无泥沙杂物,无霉烂变质。

②速冻豌豆荚原料的质量要求　速冻豌豆荚要求嫩荚长6～8厘米,宽1～1.6厘米,厚3～4毫米以荚粒最鼓出点计,也就是荚面微现籽粒鼓起的痕迹时为宜。荚鲜嫩,淡绿色,无破碎,无折断,无霉变,无畸形,无病虫斑点,无污染,特别是农药残留要严禁超标。

3. 毛　豆

毛豆又名菜用大豆,以青豆荚中嫩豆粒供食。外贸出口多以速冻毛豆(毛豆仁)小包装形式出口。其加工原料的要求,应选用优良的大粒豆荚,每荚含豆2～4粒,青荚青绿色,茸毛白色,豆荚长度在5厘米以上,宽1.2厘米,无斑点,无虫蛀,无畸形,无机械损伤,无黄化,无干瘪,无泥沙,无水湿,无污染的豆荚做原料。

4. 菜　豆

菜豆又名四季豆或刀豆。外贸出口有以保鲜或加工成刀豆罐头、脱水刀豆、速冻刀豆等形式出口。其原料的要求分述如下:

(1)保鲜的质量要求　应具有品种固有的形状和色泽,无病虫害或伤害,没有腐烂和变质,不能过熟,没有混入其他品种,荚柄切除适当。

按日本标准,蔓生种四季豆大小分级标准;L级:18厘米以上,M级:15～18厘米,S级:12～15厘米,还可把不足12厘米的作为2S级。包装:纸箱,净重10千克或20千克。置于7℃～10℃、85%～90%相对湿度条件下,保鲜运往日本、韩国和港澳市场,可保鲜2～3周。

(2)加工的质量要求

①速冻四季豆原料的质量要求　速冻四季豆的原料应挑选色泽鲜绿、无病虫、整齐均匀,荚长 10 厘米左右的嫩荚,500克不少于 160 荚。

②罐藏四季豆,或称刀豆罐头　罐藏四季豆的原料要求嫩荚收获时种子尚未形成,或仅具雏形时为好,横径不大于6.3毫米,长度不超过 76 毫米,荚色深绿,柔软脆嫩,肉质厚,无纤维或筋,成熟一致,含糖量高,风味好,干物质在 80% 以上,豆粒约占豆荚重的 10%～20%。

③脱水四季豆,或称脱水刀豆　其原料要求在乳熟期采收,品质鲜嫩,含糖量高,粗细均匀,肉质厚,不起筋,外表看不出豆粒,长度在 7 厘米以上,50 克有 20 条左右,横断面呈圆形的蔓生品种。

(七)白 菜 类

1. 青菜(即不结球白菜)

(1)保鲜的质量要求　保鲜青菜要求植株 6～8 片真叶,株高 20 厘米,按质量标准要求进行整理,使植株无枯黄叶,无泥沙及异物附着,无病虫害,根部切除适当,一般留根部 1 厘米,剔除腐烂、变质或抽薹植株。用稻草按 20 株捆一束,用瓦棱纸箱包装,净重 5 千克、10 千克或 30 束、40 束装一箱。置于0℃、90%～95% 相对湿度条件下,可保鲜 1～2 个月,供应港澳市场或出口日本、韩国。

(2)加工质量要求

①速冻青菜　原料要求与保鲜青菜相同。

②青菜干　其原料应选叶色深绿,有白纹,菜质脆硬的青菜,以 11～12 月采收的菜为好。

2. 大白菜（即结球白菜）

（1）**保鲜的质量要求** 保鲜大白菜的出口标准应具备品种固有的形状和色泽，结球适度，没有裂球，没有凋萎的迹象，没有腐烂变质或抽薹，没有病虫害及伤害，根部切除适当，外叶去除适当，没有附着泥沙和异物。在日本，按叶球的大小分为 2L、L、M、S 四级。平均每个叶球重量 3 000 克以上为 2L 级，2 000 克以上为 L 级，1 500 克以上为 M 级，1 000 克以上为 S 级。

包装：纸箱装净重 15 千克，塑料袋装净重 10 千克或 15 千克。置于 0℃、90%～95%相对湿度条件下，可贮藏保鲜 1～2 月。

（2）**加工的质量要求** 大白菜外贸出口的加工产品是京冬菜，现将加工原料的选择与处理介绍如下。

京冬菜原料以选用猪心菜、大包头、鲁白 3 号和山东 4 号为好。收下的大白菜应削根、剥去原帮绿叶，只留白嫩菜心，占整个叶球的 70%，切除根盘，一分两半，置于清洁器皿内准备加工。

3. 甘 蓝

（1）**保鲜的质量要求** 符合出口标准的保鲜甘蓝应具有品种固有的形状和色泽，结球适度，没有裂球，没有抽薹，没有凋萎的迹象，没有病虫害及伤害，不能发生老化现象，清洁干净，外叶去除适当，茎的切除适当，在日本，按叶球大小分为 4 级。春甘蓝 LL 级 2 千克以上；L 级 1.5～2.0 千克；M 级 0.9～1.5 千克；S 级 0.7～0.9 千克。

包装：用瓦楞纸箱装净重 15 千克，塑料袋装 10 千克。置于 0℃，90%～95%相对湿度条件下，春季可保鲜 3～6 周，秋冬可达 3～4 个月。

（2）加工的质量要求

①脱水甘蓝　脱水甘蓝的原料应选黄绿色平头品种。要求结球大、紧密、皱叶、心部小、干物质含量应等于或大于4.5%、复水率高（5～8倍）的品种。

②外国酸菜　其原料要求与脱水甘蓝相同。

4. 花椰菜

（1）保鲜的质量要求　保鲜花椰菜的收获时产品应保留4～5片叶，切除多余的叶片和花茎，保证叶片的尖端比花球顶部长5厘米。包装时要求产品新鲜、紧实、花呈白色，留青叶3～4片，裹着花球，每个花球重0.75～2千克。

用瓦棱纸箱包装，可以将花球整齐地码放在箱内，或先用塑料袋包装，每箱装16～26个。置于0℃，90%～95%相对湿度条件下，可保鲜2～4周。

（2）加工的质量要求

①脱水花椰菜　脱水花椰菜的原料应选花球大，直径不小于9厘米，结构紧密、紧实，肉色洁白而鲜嫩，花球厚，花枝短，球面无茸毛及粉质。原料进厂后应堆放在阴凉处，防止重压、碰伤。堆放时间不得超过1天。

②速冻花椰菜　速冻花椰菜原料的要求与脱水花椰菜相仿，在加工过程中将花球切分成花蕾直径3～5厘米大小，要求花蕾鲜嫩、花朵紧密、色泽乳白。

用纸箱包装，每箱净重10千克，每500克装一塑料袋，20袋装一纸箱。

5. 青花椰菜（或称西兰花）

（1）保鲜的质量要求　青花椰菜收购时要求花球紧实鲜嫩，色泽浓绿，成熟度适中，小花蕾全无膨大开苞现象，无异色斑疤，无病虫害，无霉烂变质，无严重畸形和机械损伤，无夹杂物和污染。球高从顶部到底部不超过 10 厘米。一级花球直径12 厘米以上,二级花球直径 7～12 厘米。

产品放在塑料袋后,置于 0℃,90%～95% 的相对湿度条件下保鲜,可存放 10～14 天。

(2)加工的质量要求 青花椰菜常以速冻形式出口,其原料的要求与保鲜的质量要求相似。

6. 榨菜(又称茎用芥菜)

榨菜都以加工产品远销国外。榨菜加工的原料应在肉质茎充分膨大和刚现绿色花蕾时采收。过早采收影响产量,过迟则纤维多,易空心,影响榨菜的加工品质。

榨菜的个体形状和重量不同,加工前必须分类处理:

个体重 150～350 克的可整个加工。

个体重 350～500 克的,应对剖后加工。

个体重 500 克以上的应剖成 3～4 块。做到大小基本一致,老嫩兼顾,青白均匀,防止食用时口感不一。

个体重 150 克以下的,以及有斑点、空心、硬头、羊角和老菜等都应列为级外菜。

个体重 60 克以下的不能作为榨菜加工用,只能与菜尖一起处理。

(八)绿叶菜类

1. 菠 菜

(1)保鲜的质量要求 保鲜菠菜要求组织柔嫩,叶片圆大肥厚,无枯黄叶、泥沙及异物附着,无病虫害,根部切除适当,剔除腐烂、变质或抽薹的植株。在日本按株高可以分为三级。L 级为 28 厘米以上,M 级为 20 厘米以上,S 级为 20 厘米以下。

用纸箱包装,每 200 克、300 克或 400 克一捆,每箱净重 5 千克、10 千克。置于 0℃,90%～95% 相对湿度条件下,可保鲜 10～14 天,供应港澳市场或出口日本、韩国等。

(2)加工的质量要求　菠菜的加工产品有速冻菠菜及脱水菠菜,其原料的要求与保鲜菠菜相同。

2. 莴苣

(1)保鲜的质量要求　保鲜的叶用莴苣,即生菜,其产品应具备该品种的固有形状和色泽,结球适度,没有裂球,没有腐烂、变质及抽薹的叶球,无病虫危害及其他损伤,根部切除适当,去除多数外叶,保留 1 片外叶保护叶球和鉴别其新鲜度。按日本标准,叶球大小可以分为 5 级:LL 级 600 克以上,L 级 500 克以上,M 级 400 克以上,S 级 300 克以上,SS 级 250 克以上。

包装一般用纸箱,每箱净重 15 千克。置于 0℃,95% 的相对湿度条件下,可贮藏 2～3 周。

(2)加工的质量要求　茎用莴苣或称莴笋,可以做脱水莴笋及盐渍莴笋。

①脱水莴笋　我国的苏北及皖北,很早就有莴笋脱水加工技术,其产品称为薹干,远销东南亚诸国。薹干的传统加工常以秋莴笋做原料,择晴天采收,将肉质茎去叶片、削根部、刨茎皮,把莴笋放在木板上,在较粗的根端,依茎的粗细,划 2～4 刀,茎端留 1～2 厘米不划,以保持在绳上晾干,经 2～3 天,达到一折即断、颜色青绿时为标准。近年薹干菜的制作也采用机械刨皮、划菜、清水漂洗,入烘房脱水等现代化制作方法进行生产。一般烘干温度为 55℃～60℃,经 11～13 小时,脱水后产品含水量控制在 8%～9% 即可。

②盐渍莴笋　盐渍莴笋一般都选用春莴笋中的晚熟、抗

病、丰产、质脆、肉质致密、抽薹晚的品种做原料,如南京的青皮臭(又名竹竿青)、重庆的万年椿等。

(九)水生蔬菜

1. 莲 藕

(1)保鲜的质量要求 保鲜莲藕出口要求藕已老熟,藕节完整,藕身清洁无损坏,不折断,长短粗细均匀。用纸箱包装,每箱净重 10 千克。置于 0℃,90%～95%相对湿度条件下,可保鲜 3 个月。

(2)加工的质量要求

①莲藕加工的质量要求 莲藕可以加工成糖水莲藕罐头、咸莲藕、速冻莲藕片、藕粉等。加工原料要求藕身完整、新鲜、具 2～3 节,藕节均完好,藕身较粗,横径在 5.5 厘米以上,乳白或米白色,色泽一致,无机械损伤,无病虫害和异色斑点,无腐烂变质,基本不带泥沙。

②莲子加工的质量要求 莲子加工应在上午 8 时前进行,采后立即从莲蓬中取出莲子,再将莲子剥去果皮(剥壳)、搓去种皮(去衣),用小竹签或火柴杆捅去胚芽(捅去莲芯),摊放莲筛中,不宜重叠,置阳光下晒干;如遇阴雨天则用无烟木炭文火烘干。为了保持莲子的洁白,必须快干,要做到当天采摘,当天加工,当天干燥,至牙咬发脆为度。然后剔除皱瘪子、发黄子、开瓣子、破碎子和过小子,及时装箱入库或外运销售,并保持充分干燥。

2. 荸荠(又名马蹄)

荸荠不耐贮运,外贸出口常加工成荸荠罐头或速冻马蹄片形式出口。加工的原料要求产品鲜嫩、粗纤维少、含淀粉少、糖分多,允许有少量轻微的自然斑点,无畸形,未抽芽和萎缩,要求横径在 3 厘米以上。球茎以大为好,球茎愈大,其去皮利用率愈高。加工厂收购荸荠时要求球茎新鲜干净,色泽红棕,单重在 12 克以上,大小一致,个体之间单重相差不超过 2～3 克,按大小分级收购。球茎脐部不向内凹陷,要与底部四周相平或稍突起,加工时出肉率高。此外,还应无病虫害,无机械损伤,无冻伤,无腐烂变质,清洁、无污染,顶芽坚挺。

(十)多年生蔬菜

1. 芦笋(石刁柏)

(1)保鲜的质量要求 保鲜芦笋常以绿芦笋形式出口,嫩茎应呈鲜绿色,具有该品种固有的滋味和气味。组织鲜嫩,食之无粗纤维之感。头部不软不开放,嫩茎笔直无弯曲、无断裂和虫蛀损伤。长 23～25 厘米,用利刀切割,切面要平。按茎粗分级,茎粗是在距笋尖 12 厘米处的直径测定,其标准是 L 级 16～22 毫米,M 级 10～16 毫米,S 级 8～10 毫米。大于 22 毫米的称为 LL 级,一般不做保鲜用。

包装是用松木板条做成的梯形箱子,高 28 厘米,长 44 厘米,上盖宽 23.5 厘米,下底宽 27 厘米(均为内径)。内衬牛皮纸,每束 120 克,笋头用 15 厘米胶带卷好,基部 1.5～2 厘米处套一只橡皮圈,每箱 100 束,净重 12 千克。根据 1994 年国际制冷学会推荐芦笋冷藏运输温度:运输 1～2 天时为 0℃～5℃,运输 2～3 天时为 0℃～2℃。为防止嫩茎失水,应保持 90%～95% 的相对湿度。

(2)加工的质量要求

①速冻绿芦笋 速冻绿芦笋按笋长分级时,L 级 17 厘米,M 级 14 厘米,S 级 11 厘米。按嫩茎直径分:L 级在 17 毫米以上,M 级 10～17 毫米,S 级 6～10 毫米,嫩茎长 11～14

厘米,要求组织鲜嫩,呈鲜绿色。用纸箱包装,净重20千克,每500克装一塑料袋,40袋装一箱。

②芦笋罐头 芦笋罐头分白色和绿色嫩茎两种。两者原料收购的要求是:

白芦笋收购要求笋体(幼茎)笔直,洁白肥嫩,长18~20厘米,粗(横径)1厘米以上,头部芽鳞包被紧密,无空心、开裂、掉皮和破碎,也无鼠咬和虫伤,外观和气味新鲜。

绿芦笋收购要求笋体长18~22厘米,最大长度27厘米,至少有长度的1/3为绿色,笋质脆嫩,基本无筋。其余与白芦笋相同。

芦笋的加工产品除了速冻绿芦笋、芦笋罐头之外,还有芦笋汁、芦笋粉、芦笋脯,其原料都用速冻芦笋及芦笋罐头的下脚料制作。

2. 金 针 菜

金针菜都以鲜蕾干制产品出口。金针菜对加工原料的要求很严,一般要在开花前数小时采摘,采时花蕾饱满,颜色黄绿,以充分长大而又未开裂为宜。过早采摘晒干率低,色泽欠佳;过迟采摘花蕾发泡,甚至开裂,均不符合收购标准。具体采摘的时间因品种和天气而异,一般在下午1~6时进行。阴雨天气水分充足,花蕾生长快,有的品种每天开花的时间早,应当提前采摘。采摘应每天进行,直到结束。沿行采蕾,在花蕾的花梗基部轻轻折断,并要轻摘、轻放、浅装、快运,防止重压。采后的鲜蕾不能久放,以防开花。当天采摘的鲜蕾必须当天加工。加工分蒸制和干燥两步,蒸制是利用蒸汽快速杀死花蕾细胞,基本保持原有的营养和色泽。干燥可使产品长期保存,防止霉烂、变质。

3. 百　合

百合以保鲜和罐头出口不多,主要以制成百合干出口外销。制百合干的原料要求:鳞片完整,色泽洁白,充分干燥,用手可以折断。无病虫,无霉变,无潮解。

第十章　环保型蔬菜生产中病
虫草害综合防治措施

环保型蔬菜生产中的无公害蔬菜、绿色蔬菜及有机蔬菜三者对病虫草害的防治，以有机蔬菜最为严格。有机蔬菜在生产中禁止使用人工合成的化肥、农药、激素和转基因的品种。而绿色蔬菜及无公害的蔬菜则遵照有关标准，允许限量使用部分农药，所以，绿色蔬菜及无公害蔬菜生产中病虫草害用人工合成农药的防治措施，不能在有机蔬菜生产中使用。现按有机蔬菜防治病虫草害综合防治措施，即有机蔬菜、绿色蔬菜及无公害蔬菜三者都能使用的综合防治措施分述如下。

一、加强植物检疫和病虫草害
的预测预报工作

（一）加强植物检疫工作

植物检疫是国家或地方政府，为防止有害生物随植物种苗及产品的人为引入和传播，以法津手段和行政措施，强制实施保护性的植物保护措施。植物检疫是病虫草害防治的第一环节，加强对蔬菜种苗的检疫，在未发病虫草害地区应严禁从疫区调进带有病虫草害的种苗，采种时应从无病虫的植株采种，可有效地防止病虫草害随种苗传播和蔓延。如番茄溃疡病、黄瓜黑星病、美洲斑潜蝇是检疫性的病虫害。其中美洲斑潜蝇为世界检疫性害虫，现已在 30 多个国家和地区严重发生,已有近 40 个国家将其列入检疫性害虫。该虫 1993 年由国外传入我国海南,以后迅速蔓延,目前已分布在我国 25 个省、市、自治区,并造成了严重的经济损失。

(二)加强病虫草害的预测预报工作

各种蔬菜病虫草害的发生,都有其固有的规律和特殊的环境条件。如高温天气,昼夜温差大,叶片上有水珠,则易患霜霉病、灰霉病、菌核病等;环境干旱,则易发生蚜虫和红蜘蛛。根据蔬菜病虫害发生的特点和所处的环境,结合田间定点调查和天气预报情况,科学分析病虫害发生的趋势,及时做好防治工作。如蔬菜苗期的生理病害,多因温度、湿度过高或过低、营养不足、肥料未腐熟等原因而引起,从而导致沤根、猝倒、立枯等病害,出现秧苗萎蔫、叶黄、叶有斑点或叶绿黄白等症状。因此,对这类病虫害就可通过病虫害的预测预报工作,相应地采取防治措施,就能将病虫害防治在发生之前或控制在初期阶段。实践证明,加强蔬菜病虫害的预测预报工作,是发展环保型蔬菜生产有效的防治措施。

二、选择洁净的产地环境

环保型蔬菜生产基地应选择交通方便、远离工矿、不受或少受城镇污染的地方。在选择产地时其大气、水质和土壤应分别符合有机食品、绿色食品或无公害食品产地环境要求的质量指标。如大气应符合《保护农作物的大气污染物最高允许浓度(GB 9137—1988)》和《环境空气质量标准(GB 3095—1996)》的要求;水质应符合《农田灌溉水质标准《GB 5084—1992)》的要求;土壤应符合《土壤环境质量标准(GB 15618—

1995)》的要求。最好选择既要交通方便,有利于农资及产品的进出,又要有山川林木隔离,距高速公路有一定距离,少受人、畜和汽车尾气污染的地方建立生产基地。

三、产地的隔离措施

对选定的蔬菜基地如果缺少山川林木环抱,应在场圃周边挖沟渠、建绿色的防护林带,以减少畜禽或闲杂人员进入产区,带来病虫草害。防护林带宜选用生长快、高矮结合、有一定经济价值和驱避病虫的作用的植物。一般应有乔木、灌木及多年生草本植物组成。这些植物除应具有防风沙、抗干旱、耐寒冷的性能外,还应具有抗病虫、驱病虫的作用,其产品可做蔬菜、做工业原料或提炼生物农药。根据笔者调查下列植物可供选用。

第一,杨树:乔木,近年从意大利引进或国内培育的杨树品种很多。杨树生长快,是农田防护林的好树种,成材早,可做木材加工业原料。

第二,香椿:乔木,可丛植,既可做防护林,香椿芽又是多年生蔬菜。

第三,银杏:乔木,抗病虫,叶可入药,籽可供食,但生长较慢。

第四,蓖麻:1年生高秆植物,耐瘠、耐旱,抗病虫。种子可榨油,是工业原料。

第五,豆薯:1年生蔓生植物,可匍匐生长或棚架栽培。抗病虫、耐旱、耐瘠,栽培管理容易。嫩薯可做水果、蔬菜,老薯可做蔬菜或制淀粉,茎叶含鱼藤酮,不能做饲料,可提炼、制造生物农药。

第六，金针菜：多年生草本植物，耐寒、耐瘠，花蕾经加工制成金针菜远销国内外。

第七，紫穗槐：多年生灌木，嫩茎叶可做饲料、肥料，每年冬季割取枝条编箩筐或留做蔬菜栽培的架材。

第八，芦竹：多年生禾本科植物，植株高大，茎秆充实坚硬，产量高，抗风，每年冬季收割可做蔬菜栽培上的架材。

四、实行轮作，减轻蔬菜病虫草害

有机蔬菜为防止污染，禁用化肥、农药、激素及转基因品种。绿色蔬菜及无公害蔬菜限量使用这些农用物资。禁用或限量使用化肥、农药和激素已成为发展蔬菜生产的热点和难点。回顾我国数千年来的传统农业，并未依赖化肥、农药及激素而存在。传统农业生产中抑制蔬菜生产中的病虫草害和培肥土壤主要依靠轮作换茬，切断病虫草害的中间寄主，减少病虫草害发生的来源和降低病虫草害发生的基数。现将实行轮作减轻病虫草害，正确选择参预轮作的原则、建议按蔬菜类型参预轮作及蔬菜轮作茬口安排的实例分述于后。

（一）正确选择参预轮作的原则

1. 选择产品易销，并有一定经济效益的作物

商品性蔬菜与自给性蔬菜不同，生产的目的在于将产品销售出去，并获得经济效益，没有经济效益，就没有栽培价值。产品的销售从地点分，有内贸及外贸之区分，内贸又可分为地产地销的近距离销售与运输栽培的远距离销售。从销售的形式分有鲜销、速冻或加工。商品蔬菜的产品种类与规格都必须根据销售对象或消费者的需要而定。在尚未明确销售对象时，

所产的产品应能耐贮、耐运,能满足国内、国外,既能鲜销,又能速冻、加工等多方面的需要,以免滞销、积压、损失。

2. 选择高产易种、产值较高的蔬菜进行栽培

在生产前应选择具有省工、省力、节水、具有较高抗旱、抗涝、耐热、耐寒、抗逆力较强的蔬菜进行栽培。

3. 品种选择

选择抗病、抗虫、耐肥、耐瘠、灭草能力较强的蔬菜品种。

4. 避免同科蔬菜连作

茄科蔬菜中的马铃薯、番茄、辣椒、甜椒、茄子具有相同的病虫害,应避免这些蔬菜之间互为前茬或后茬。其他如豆科蔬菜中的大豆、花生、四季豆、豇豆,葫芦科蔬菜中的西瓜、冬瓜、西葫芦、南瓜,菊科蔬菜中的莴笋、生菜、茼蒿,百合科蔬菜中的洋葱、大葱、大蒜、韭菜等同科蔬菜,均具有相同的病虫害,所以,同科蔬菜在轮作中应视为同类作物,不能互为前后茬。

5. 充分利用地上空间、地下各土层和各种营养元素

在栽培中应选择高秆作物与矮秆作物;攀缘作物与直立作物;深耕作物与浅耕作物;需氮多、需磷多、需钾多的作物之间相互搭配。以充分利用地面、空间,土壤上层、下层,土壤中各种营养元素的均衡消耗和均衡供应,以提高蔬菜的产量与产值。

6. 发展冬季蔬菜,提高复种指数,增加菜农收入

自从粮价下落,粮食面积减少,尤其是产值很低的小麦面积锐减。为此,可以利用小麦地或冬闲地发展蔬菜,提高复种指数,这是保粮、扩菜、增收,全面合理安排的一条途径。

(二)建议按蔬菜类型参预轮作

同科蔬菜植物学的形态与生物学的性状相似,它们之间具有相似的病虫害,在安排轮作时,应将它们视为同类作物,同类作物排列茬口时,不能作为前后茬,现将常见的大宗蔬菜,按近年内销及外贸情况,提出下列各类(即各科)蔬菜,可参预相互轮作。

1. 百合科蔬菜

洋葱、大蒜、韭菜等,这些蔬菜耐肥力强,栽培时需要施用大量有机肥料,但这些蔬菜根系弱,施下的肥料残留给后茬作物较多。百合科蔬菜作物的植株及根系中,具有硫化丙烯、大蒜素等杀菌物质,如大蒜素可治疗痢疾、肠炎等疾病。这些物质残留在土壤中能杀死土壤中对作物有害的部分病菌。所以,无论从培肥地力及病虫防治的角度衡量,均是多种作物良好的前茬。

(1)洋葱　江淮流域系冬春蔬菜作物,栽培季节与小麦相同,经济效益比小麦好。产品耐贮、耐运,无论是内销、外贸、鲜销、脱水、加工均可,销售时间长、范围广。近年国际市场上对黄皮洋葱的需要量较多,我国的黄皮洋葱以保鲜或脱水形式运销我国港台地区及日本、韩国和欧洲诸国。目前江淮流域适于外销的黄皮品种有中熟圆球形的南农大 98-66、华北地区适于外销的黄皮品种有圆球形的天津大水桃葱头和圆球形至高圆球形的北京黄皮葱头。红皮洋葱不宜做脱水葱片,如需脱水,以白皮洋葱色泽较好。

(2)大蒜　栽培季节、经济效益、销售状况与洋葱相仿。大蒜头耐贮运,其产品除蒜头外,还有青蒜、蒜薹,有 3 种不同产品,其销路更广。外贸出口有保鲜的蒜、蒜头、速冻蒜段、盐渍蒜米、脱水蒜片、其产品很少滞销。可栽的品种有成都二水早、徐州白蒜、嘉定白蒜、苍山大蒜等。

(3)韭菜　韭菜系多年生蔬菜,一次栽培,多次收获。一般露地栽培每年可收 5～6 次,除采收叶片外,还可收韭菜薹。冬春加盖塑料棚又可收青韭,在塑料棚内遮光栽培或移栽在窖内,冬春可收韭黄。徐淮地区市场需求量大,很少滞销,如果市场价格过低时,可以暂时不收,培养地下鳞茎,为冬春生产青韭或韭黄作准备,或在夏天培养韭菜薹。可栽品种有马蔺韭、平顶山791、杭州雪韭、汉中冬韭等。

2. 茄科蔬菜

马铃薯、辣椒、番茄、茄子等这类蔬菜的产量、产值高、易销,但茄科蔬菜之间有相同的病虫害,如蚜虫、毒素病、早疫病、晚疫病等。这些蔬菜相互之间不宜做前后茬。

(1)马铃薯 江淮流域马铃薯一年可栽二茬,称为二季作地区。马铃薯生长期短,单位时间内产量高,由于产品耐运输,适于内销、外贸、鲜食、加工。可以制淀粉,是食品工业和轻工业的原料,其副产品也是良好的饲料,产品很少滞销,单位面积上的产量比较稳定。近年南京农业大学园艺学院推广的荷兰15号脱毒薯产量高,品质好,黄皮黄肉,薯块长椭圆形,蛋白质含量高,适于内销、外贸,适于做薯条薯片,深受各地欢迎。此外,东农303、鲁马铃薯1号、郑薯2号、郑薯4号都是二季作地区的好品种。

(2)辣椒 辣椒是不可缺少的调味菜,可以鲜食、腌渍、干制,耐贮运,也可加工。需求量大,产量高,产值比较稳定。辣椒比较抗寒、耐热、抗旱、耐瘠、抗逆性强。每年春秋两季均可栽培。春辣椒在夏季经过修剪,采用老株更新的方法,秋季可以延续生长。冬春再用保护地栽培,可以达到周年生产、周年供应,其产值更高。近年南京农业大学园艺学院研制的南农大5号椒,超过同类品种,可以大力推广。此外,江苏的苏椒5号、早丰1号等品种,目前栽培的面积仍然较大。

（3）番茄　番茄以鲜销为主，也可加工制酱、制罐头。番茄皮薄、含水量大，不耐贮藏运输。鲜销栽培与加工栽培所用品种，要求上市时间、栽培技术都不相同。没有与经销单位签订产销合同时，均不应盲目发展。近年江淮流域鲜食番茄选用宝大903、宝大906等品种较多。

（4）茄子　茄子情况与番茄相似，产品不耐贮运，销售比番茄更难，没有与经销单位签订产销合同，栽培面积不宜过大。

3. 豆科蔬菜

大豆、四季豆、豇豆、花生、豌豆、苜蓿、豆薯等均属豆科蔬菜。豆科植物与其他蔬菜相比较，能耐瘠、耐旱，又因根部有根瘤菌共生，能固定空气中的氮素，改善土壤的物理结构，参预轮作，有利于改土培肥。

（1）大豆　大豆以嫩荚上市时称毛豆，是春季上等蔬菜。晚熟的大青豆冬春经浸种后可代替嫩毛豆做菜用。大豆早、中、晚品种繁多。大豆既可做粮食、饲料、蔬菜，也可发豆芽、做豆腐等豆制品，做种子，价格不低，经济效益较好。在作物轮作上能培肥土壤，与其他蔬菜相比，栽培管理粗放，是轮作制中不可缺少的作物。

（2）花生　花生可以榨油，通常作为油料作物栽培。徐淮地区将嫩花生煮食做菜用，老花生炒食，还有以花生为原料的食品加工厂，销路较好。栽培花生可培肥土壤，花生应列入轮作区内栽培。

（3）四季豆　四季豆在江淮流域每年春秋二季均可栽培。多数蔓生四季豆品质好、生长期及采收期长，多数矮生四季豆品质较差，生长期及采收期较短。矮生四季豆播种后只需50天左右就可采收嫩荚上市，插入轮作区内栽培，可提高土地利用率,提高复种指数。矮生四季豆是近年从美国、法国等地引进的新品种,其品质不亚于蔓生四季豆。如美国的供给者等。

(4)豇豆　豇豆或称豆角,能耐高温、堵伏缺,是夏季的常菜,各地城镇居民都喜爱。豇豆分长豇豆与短豇豆两类。短豇豆早熟,价格高,栽培时不用支架,产量及品质不如长豇豆。长豇豆成熟晚,采收期长,产量高,需支架栽培或攀缘玉米等高秆作物上生长,如之豇28、宁豇3号等。

(5)豌豆　豌豆较耐寒,一般能露地越冬,栽培时期与小麦相仿。豌豆因类型品种不同,用途较多,一般分为粮用豌豆及菜用豌豆。菜用豌豆中又有叶用、粒用及荚用等多种类型。豌豆根部的根瘤能固定大气中的氮素,许多农民春季将豌豆茎叶耕翻入土,培肥土壤。栽培豌豆对发展冬季农业、增加农民收入、培肥土壤、改善轮作制度等多方面有利,它是可持续发展农业的一个选择。叶用豌豆的品种如大叶豌,荚用豌豆的品种如食荚大菜豌,粒用豌豆的品种如白花豌豆、紫花豌豆。

(6)苜蓿　苜蓿能固定空气中的氮素,通常称为绿肥作物。但苜蓿的嫩叶、嫩芽也是冬春上好的绿叶蔬菜,比较粗老的茎叶可做饲料,春季耕翻入土可培肥土壤。建议今后逐步消灭冬闲地,所有的冬闲地都撒上苜蓿,逐年补充土壤中有机物质的含量。苜蓿的品种有黄花苜蓿及多年生的紫花苜蓿等。

(7)豆薯　豆薯或称凉薯。春种秋收,4～5月份用种子播种,支架或爬地栽培。豆薯耐干旱、耐瘠薄,可用开荒地种植。茎叶中含有鱼藤酮等天然有毒物质,不能做饲料。豆薯很少有病虫害。地下块根无毒可以食用。9～10月份可收嫩块根做水果,清凉可口,也可做菜,与猪肝、肉片等炒食,美味可口。10～11月份收老块根,可做蔬菜用。收获块根时需要深挖,可熟化土壤,茎叶中含有鱼藤酮等杀虫药剂,因此,豆薯参预蔬菜轮作,对培肥土壤和减少病虫害极为有利。

4. 葫芦科蔬菜

葫芦科蔬菜中的西瓜、冬瓜、南瓜等都是大面积栽培的作物,均可参预环保型蔬菜的轮作。

(1)西瓜　西瓜耐贮运,许多地方都已形成大面积的生产基地,经济效益好,但连年种植病害严重。今后必须合理安排茬口、实行分区轮作。近年引进的小型西瓜,品质好、成熟早、销路畅,效益好,可以发展。

(2)冬瓜　冬瓜长势旺、抗病虫、耐贮运、产量比西瓜高,多年来冬瓜的价格高于西瓜,可以列入轮作,尤其是小型的早熟冬瓜效益较好。如南京的马群 1 号等。

(3)南瓜　南瓜耕作粗放,耐瘠薄,病虫害少,可利用荒地挖穴墩栽,栽培管理简单。如采用匍匐栽培能覆盖地面,抑制田间多年生杂草的发生。如采用保护地支架栽培,可以早熟,提高产值。南瓜是糖尿病的保健食品,近年从日本等地引进的小南瓜锦栗等品种极其畅销,一般城镇居民都有食用的习惯,容易销售,其经济效益较好。

5. 菊科蔬菜

茎用莴苣的莴笋,叶用莴苣的生菜及茼蒿、菊花脑等均属菊科蔬菜。这类蔬菜对病虫害的抵抗能力比十字花科的白菜、萝卜强、栽培管理容易,一般城镇居民都有食用的习惯,容易销售,其经济效益也较好。

(1)莴笋　莴笋性喜冷凉,一般每年可栽 2 次,春莴笋栽培面积大,秋莴笋次之,如用简易设施保温,还可发展冬莴笋。各地栽培的莴笋品种很多,春莴笋是冬季定植,4~5 月份收获,最易栽培,面积最大。夏秋莴笋栽培应采用低温催芽,选用晚熟品种栽培,否则会先期抽薹,造成莴笋瘦长,无食用价值。

南京地区春莴笋常用尖叶莴笋,秋莴笋常用圆叶白皮、成都二白皮等品种。

(2)生菜　生菜性状与莴笋相仿,春秋气温合适时20天左右可以收获一茬,生长速度快,生长周期短,复种指数高,病虫害少,一般不施农药,其经济效益比白菜好。是欧美各国的常菜,从国外引进的品种极多,采用不同的栽培品种及栽培技术,可以达到周年生产,周年供应。近年南京地区栽培较多的有意大利耐抽薹的生菜、油麦菜等。

(3)茼蒿　茼蒿性喜冷凉、生长速度快、植株矮,可间套在高秆作物内,提高复种指数,增加菜农收入。

6. 藜科蔬菜

藜科蔬菜有菠菜、叶用甜菜、根用甜菜(红菜头)等,这类蔬菜耐寒、耐热、耐旱、耐盐碱、抗病虫能力均强,利用冬闲田发展藜科蔬菜,提高复种指数很好。

7. 旋花科蔬菜

旋花科蔬菜均是蔓生植物,在地面匍匐生长,能覆盖地面,抑制杂草生长,在轮作制中安排旋花科蔬菜是抑制土壤中杂草,尤其是消灭多年生的香附子等杂草很有效果。

(1)山芋　山芋已是我国传统的作物。它既是粮食,又是蔬菜,还可作为食品工业的原料。山芋块根可以鲜销,切片晒干、制粉、酿酒,用途多、销路广,扩大栽培面积,参预轮作后,产品销售无后顾之忧。

(2)蕹菜　蕹菜喜温、耐热、耐肥、抗病虫,很少使用农药。春季一次播种,以后多次采收。除种子直播外,还可扦插繁殖,产量高,是伏天堵缺的蔬菜。

8. 十字花科蔬菜

十字花科蔬菜病虫害较多,一般不使用农药比较困难,但冬春栽培,择耐寒性较强、抗病虫力较强的品种,或在防虫棚室内栽培也可不用农药或少用农药。适于深冬栽培的不结球白菜有上海的塌棵菜、小百叶、中百叶、大百叶;常州的乌塌菜;南京的瓢儿菜;合肥的黄心乌、徐淮地区的黑菜、糙薹菜、笨薹菜。此外,上海郊区栽培较多的荠菜也值得发展。

9. 禾本科作物

蔬菜栽培中禾本科植物不多,在蔬菜轮作区中插入玉米,有利于减少病虫害。嫩玉米、糯玉米、玉米笋在欧美各国都作为蔬菜大面积栽培。近年我国各大城市郊区也有较大的发展。玉米在轮作中可以和多种蔬菜间套,成为立体栽培形式。这种方式既节省劳力,又节约架材。如春季先种马铃薯或矮四季豆,后用营养钵育玉米苗,稀植于马铃薯或矮四季豆的畦边。当马铃薯或矮四季豆收获后畦面点播大豆或花生。当玉米生长到中后期可在玉米的植株边点豇豆,豇豆利用玉米秆攀缘生长。如此层层间套,一地多种多收。这种集约栽培的模式很适于人多地少的地方发展,可以大幅度地提高复种指数,提高单位面积的产值。

10. 水生作物

水旱轮作有利于消灭土壤中的地下害虫,洗去土壤中积累的过多盐分。环保型蔬菜生产将水生作物列入轮作区,对消灭病虫杂草、改善生态环境、发展持续农业有很大的作用。蔬菜中的水生蔬菜有茭白、水芹、荸荠、慈姑、浅水藕。除了水生蔬菜以外,还可栽培工业原料,席草、蒲草、芦苇,或栽培水生饲料、绿肥作物绿萍、水浮莲、水葫芦。如果面积较大还可将水稻列入水生作物轮作区。

11. 绿肥作物

环保型蔬菜栽培轮作区中为实现禁用化肥、或减少化肥的使用量、增加土壤有机质的含量、培肥地力，必须将绿肥作物列入轮作区。有关绿肥作物的内容，详见本书第七章的二中6，此处不再重复。

（三）蔬菜轮作茬口安排的实例

笔者通过调查研究，针对江苏省东海县桃林镇发展有机蔬菜生产的地理、气候、土壤、水源、劳力、产销等情况，对蔬菜露地栽培设计以下二套轮作循环茬口，以供环保型蔬菜生产者参考使用（表 10-1，表 10-2）。

表 10-1　四年制精细耕作、劳动密集型茬口

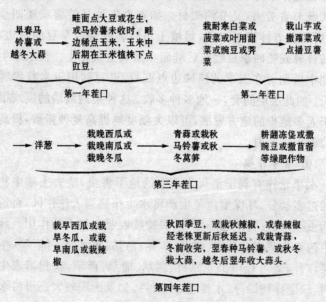

第四年茬口以后再接第一年，如此往复循环。

表 10-2 多年生的韭菜茬口

韭菜 ⟶ 秋冬韭菜行间套白菜、菠菜、荠菜。或霜冻前提早盖大棚、小棚，冬春生产青韭或韭黄。翌年加强肥水管理，则韭菜生长如常。
或霜冻后挖韭菜根，在窖内栽培韭黄，则翌春应播种育苗重栽。

春、夏、秋 ——————————————— 冬

五、采取耕作措施，防治病虫草害

（一）清除前作残茬

将前作秸秆、病叶的残茬和杂草集中烧毁、深埋、堆肥或投入沼气池中充分腐熟，杀死病虫草害的孢子、虫卵及种子，减少病虫草害发生源。

（二）提倡深耕、冻垡、晒垡

将不同深度土层中的病、虫、杂草的孢子、卵块、种子、幼虫翻到土表，利用酷暑严寒、日晒雨淋、招来鸟兽天敌啄食，从而逐渐减少病虫草害的发生。

（三）提倡浅耕灭茬

在杂草为害严重的地块，开沟做畦以后，至作物播种以前的 20 天左右，在畦面浇水，促使表土中的草籽萌发，在播种前再次浅耕耙平，清除杂草后播种，可减少杂草的为害。

（四）提倡深沟、高畦、高垄

用深沟高畦，不用低畦漫灌，可免去因漫灌由水分传播病

虫杂草的可能性。用沟灌、渗灌，使栽培土壤下层湿润，土表干燥，这样的环境有利于蔬菜的生长，不利于病虫草害的发生。

(五)大力提倡地面覆盖栽培

用地膜或切碎的稻草等覆盖地面，可以提高土壤保墒能力，减少灌溉次数，减少病虫因水流传播病害的机会。地膜覆盖或稻草覆盖栽培，在下雨时能避免雨滴飞溅泥土，将病虫带至蔬菜叶片背面而受害。在棚室内用地膜覆盖栽培，能提高室内空气温度，减少病虫草害发生的条件。

六、种子消毒

(一)温水浸种

温水浸种又称温汤浸种。温水浸种由于种子吸水后导热性强，种子内外受热均匀，可以杀死种子表面附着的病菌、虫卵，也能杀死种子内部潜藏的病菌。处于休眠状态的种子，比病菌有更高的抗热力。温水浸种就是利用种子与病菌耐热力的差异，选择既能杀死种子内外病菌，又不损伤种子生命力的温度进行消毒。操作时必须严格遵守规定的温度及时间。现将刘惕若《农作物种子消毒技术》一书中有关蔬菜种子用温汤浸种防治蔬菜病害的方法摘录如下：

1. **白菜白斑病、黑斑病、细菌性黑斑病**

种子用50℃温水浸种20分钟，浸后立即放入冷水中冷却，捞出晾干后播种。

2. **甘蓝黑腐病、黑斑病、根朽病**

种子用50℃温水浸种30分钟，浸后立即放入冷水中冷却,晾干后播种。

3. **萝卜黑腐病、黑斑病、炭疽病**

种子用 50℃温水浸种 20 分钟,浸后立即放入冷水中冷却,晾干后播种。

4. **番茄早疫病、斑枯病、叶霉病**

种子用 52℃温水浸种 30 分钟,浸后在冷水中冷却,然后催芽播种。

5. **番茄黑斑病**

种子在 55℃温水中浸种 10 分钟,浸后立即放在冷水中散热,然后催芽播种或晾干备用。

6. **茄子褐纹病、黄萎病、早疫病、炭疽病**

种子先在冷水中预浸 3～4 小时,然后用 55℃温水浸种 15 分钟,或在 50℃温水中浸种 30 分钟,浸后立即放入冷水中冷却,催芽播种或晾干备用。

7. **辣椒炭疽病**

种子在 55℃温水中浸种 10 分钟,浸后立即移入冷水中冷却,然后催芽播种。

8. **黄瓜炭疽病、黑星病、蔓枯病、细菌性角斑病**

种子在 55℃温水中浸种 10 分钟,浸后用冷水冷却,然后播种。

9. **黄瓜花叶病毒病**

种子在常温水中浸泡 1 小时,再在 60℃的热水中浸种 10 分钟;或 55℃浸种 40 分钟,浸后立即投入冷水中冷却,晾干后播种。

10. **南瓜炭疽病**

种子用 55℃的温水浸种 15 分钟,浸后放在冷水中冷却,晾干后播种。

11. **西瓜炭疽病**

种子在55℃温水中浸种15分钟,浸后移入冷水中冷却,晾干后播种。

12. **西葫芦病毒病**

种子用55℃温水浸种40分钟,浸后在冷水中散热,晾干后播种。

13. **菜豆菌核病、细菌性叶烧病、黑斑病、褐斑病**

种子用45℃温水浸种10分钟,浸后在冷水中冷却,晾干后播种。

14. **豌豆褐斑病、黑斑病**

种子先用冷水预浸4～5小时,然后再在50℃温水中浸种5分钟,到时间后放入冷水中冷却,晾干后播种。

15. **豌豆白粉病、炭疽病**

种子用50℃温水浸种30分钟,浸后在冷水中冷却,晾干后播种。

16. **芹菜斑枯病、斑点病**

种子用48℃温水浸种30分钟,浸后立即放在冷水中冷却,晾干后播种。芹菜种子用温水浸种后,发芽率有所下降,要适当增加播种量。

17. **洋葱霜霉病**

种子用50℃温水浸种25分钟,浸后放入冷水中散热降温,晾干后播种。

18. **洋葱鳞茎炭疽病、黑斑病**

鳞茎在45℃温水中浸种90分钟,浸后放入冷水中散热降温,晾干后栽种。

19. **洋葱茎线虫病**

鳞茎在45℃温水中浸泡1.5小时;或43.5℃温水中浸泡

2 小时,浸后用冷水散热,晾干后栽种。

20. 大葱紫斑病

鳞茎在 45℃温水中浸泡 90 分钟,捞出后在冷水中降温,晾干后栽种。

(二)干热处理

根据日本种苗协会编著的《种苗基础知识与实用技术》一书认为,下列种子可用干热处理杀死有关病菌,现将有关方法分述如下。

第一,番茄种子 70℃干热处理 48 小时,能杀死叶霉病、叶斑病等病菌。

第二,黄瓜种子 70℃干热处理 48 小时,能杀死黑星病等病菌。

第三,葫芦种子 75℃干热处理 7 天,能杀死枯萎病等病菌。

(三)蒸汽处理

日本种苗协会编著的《种苗基础知识与实用技术》一书中称:前苏联将甜玉米种子用 45℃蒸汽处理 3 小时,可杀死锈病等病菌。

(四)草木灰滤液浸种

为防止生姜腐烂病,种姜播种前应结合严格挑选,清除病姜,将健姜在草木灰滤液(草木灰 2 千克,加水 0.5 千克,浸泡后过滤)中浸泡 10~20 分钟,晾干后催芽育苗。

（五）木（竹）酢液浸种

用 300 倍木（竹）酢液对多种蔬菜种子进行消毒，均有很好的效果。一般情况下，浸种 10～15 分钟，晾干后播种。

七、工厂化育苗

小面积栽培不可能进行环保型蔬菜生产，环保型蔬菜生产必须具备一定的规模，为了有效地控制蔬菜病虫草害，必须进行工厂化育苗。所谓工厂化育苗就是提倡在洁净的自然环境或棚室内，用有机或无机的消毒基质，用隔离网纱和温、光、水、肥、气现代化的控制技术育苗，防止病虫草害的传染，为大面积定植时，提供不带病虫草害优质的商品苗。

八、棚室内育苗基质、栽培土壤及其设施的消毒

棚室内的育苗设施、育苗基质及床土，使用前必须经过消毒。最为经济有效，而又不使用农药的方法是在夏季休闲期间，对棚室内的土壤灌透水、盖薄膜，在厌气的环境下闷棚 10～30 天，土壤温度可达到 50℃以上，能杀死土壤中的红蜘蛛、根结线虫、菌核病、枯萎病、疫病等各种虫卵、病菌孢子及杂草种子。在现代化的智能温室中还可利用水蒸气消毒，即在密闭的消毒室内对棚室内的盆钵、基质等育苗器材及设施进行消毒。用蒸汽进行土壤消毒的方法是在耕翻的土壤上，覆盖油布或塑料薄膜，将蒸汽通入油布或薄膜下，杀死土壤中的各种病虫草害的孢子、虫卵及种子。

九、培育嫁接苗，增强植株的抗性

蔬菜设施栽培中，某些蔬菜因经济价值低，不能参预轮作。在大棚、温室等固定设施中常常连作，蔬菜病害严重。利用早熟南瓜、黑籽南瓜、葫芦、甜瓜等耐寒、抗病品种为砧木，嫁接黄瓜、西瓜等作物，可有效地防止黄瓜、西瓜等作物病害的侵染，这项技术已广泛地用于蔬菜生产。现将嫁接育苗技术的要点分述如下。

（一）砧　木

嫁接育苗首先应选好砧木。砧木应具有根系发达、与接穗有高度的亲和力、抗病力强、能促进接穗生长发育等特性。如嫁接黄瓜、西瓜时，常用南瓜、瓠瓜或葫芦做砧木。

（二）播种时期

嫁接砧木和接穗的播种期很重要。如用黑籽南瓜做砧木，黄瓜做接穗，则黄瓜应比黑籽南瓜早播 3～5 天，甜瓜接穗比砧木晚播 5～7 天，番茄接穗比砧木晚播 3～5 天。

（三）嫁接时期

嫁接期应掌握在适当时期。黄瓜接穗第一片真叶半展或全展，砧木子叶完全张开为适期；番茄接穗有 2.5 片真叶，砧木有 3～4 片叶为适期。

（四）嫁接方法

以黄瓜为例，其嫁接方法有舌接、切接及插接，现将这三种方法分述如下：

1. 舌 接

在砧木和接穗的胚轴上各切一个方向相反的切口，切口的深度，砧木切入胚轴的 1/2，接穗切入 1/3，切口过深易折断，过浅不易成活。切口角度为 40°左右，角度过大过小都不易成活。切后将接穗与砧木相互衔接，并用嫁接小夹子夹上，使砧木与接穗密切接合，同时移植于塑料育苗钵中，约经12～13 天愈合。愈合后在接口下剪断接穗的胚轴，并去掉夹子，一般在下午进行效果较好。嫁接时期以接穗吐出半片真叶，砧木刚吐出心叶为适期。嫁接后最初 2～3 天要适当遮光，以防萎蔫，见图 10-1。

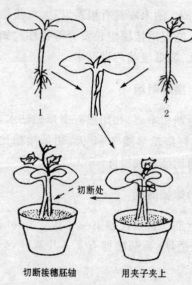

切断处

切断接穗胚轴　　　用夹子夹上

图 10-1　舌接法示意图

1. 南瓜砧木　2. 黄瓜接穗

2. 切 接

切接先将砧木心叶切除，然后用刀片在胚轴正中央切一纵向切口，长约 1.5 厘米，再把接穗胚轴削成楔形，其削口长短与砧木的切口长度相适应。接穗插入砧木切口，并用嫁接夹子夹上，见图 10-2。

3. 插 接

先切除砧木心叶，再用细竹签在切掉的砧木正中央直向下插一小孔，然后把接穗削成相应长度的楔形，插入小孔里即可，见图 10-3。

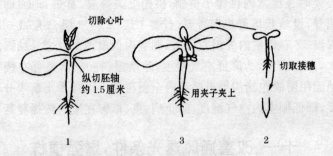

切除心叶

纵切胚轴
约1.5厘米

切取接穗

用夹子夹上

1　　　　　3　　　　　2

图 10-2　切接法示意图

1. 南瓜砧木　2. 黄瓜接穗　3. 嫁接

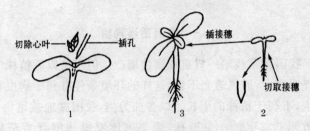

切除心叶

插孔

插接穗

切取接穗

1　　　　　3　　　　　2

图 10-3　插接法示意图

1. 南瓜砧木　2. 黄瓜接穗　3. 嫁接

十、用设施调控棚室内温、光及
空气湿度,防止病虫草害

　　设施栽培中通过温、光、空气湿度的调控,创造有利于蔬菜的生长发育,不利于病虫草害发生的环境条件。夏天棚室内光照过强、温度过高,可用遮阳网、防虫网遮光、降温、隔离,减少病虫草害的发生。冬季棚室内光照过弱,温度过低,棚室的外层可使用防雾、防尘保温膜,内层用无纺布做二道膜保湿,

必要时在棚室内再建小拱棚，拱棚上盖薄膜、草帘，地面铺地膜等，设施栽培可根据需要，有盖1层、2层、3层、4层或5层保温。冬春棚室内外温差很大，棚室内低温高湿时容易结露滴水，产生病害，为降低空气湿度，除增温、补光外，最好在棚室地面用薄膜包括沟渠道路在内全面覆盖。以减少土壤水分蒸发，降低棚室内空气湿度，防止病、虫、草害在室内传播蔓延。

十一、改善通风透光条件，增强植株对病虫害的抵抗能力

（一）提倡适当稀植

我国蔬菜栽培一贯重视密植增产。但密植以后植株之间空气湿度大，通风透光不良，这样的环境条件有利于病虫害的发生，不利于植株的生长。以番茄为例，我国露地栽培每667平方米栽3 000～4 000株，而美国佛罗里达鲜食番茄只栽1 500株左右。密植对前期产量虽有提高，但单株产量低，植株病虫害多、寿命较短、果型较小，产品的质量较差。稀植前期产量虽低，但单株产量较高，植株病虫害少，寿命较长，果型较大，产品的质量较好。其实作物栽培上的边行效应即是稀植丰产最好的证明，为了增强植株对病虫害的抵抗力，应提倡适当稀植。

（二）提倡整枝打杈、剪老叶、除病叶

欧美等国设施栽培中，番茄、黄瓜生产的寿命长至1年左右，而我国多数只有半年左右。长寿的原因，除了选用抗病虫害的品种之外，国外很重视整枝打杈，剪老叶、除病叶的工作。

荷兰等国番茄、黄瓜生长期长至 1 年左右时,茎蔓基部的病叶、老叶、侧枝都已清除干净。茎蔓长至屋顶后再将悬吊的绳子放下来再往上长,随时清除病虫害发生源和创造通风透光、减少病虫害的发病条件。其实,我国大白菜、大萝卜的栽培中,提倡深沟高畦、强调拾黄叶、除病叶、收集和消灭病虫害发生源,其道理均与此相仿。

十二、选用无病虫杂草的种苗,分级定植

环保型蔬菜生产,通过工厂化育苗,培养无病虫杂草的幼苗。在定植时再一次选择淘汰带有病虫杂草的幼苗。在起苗时应注意苗的大小、优劣,随手分级存放。栽植时应按级分区定植。在以后的管理工作中按区分别管理。促小苗、抑大苗,以求植株生长及产品一致。

十三、调控土壤湿度,创造一个不利
于病虫杂草发生的环境

充分利用灌排设施,如大沟、中沟、畦沟"三沟"配套的设施,再用深沟高畦、高垄,做到能灌能排,雨过地干,菜地无积水。如有条件的地区或设施栽培,可以发展地下渗灌、地面滴灌,创造一个表土干、心土润,有利于定植的蔬菜生长、不利于土面病虫杂草发生的环境。

十四、营养防治

蔬菜自身的营养状况与抗病性有关,因病原物的侵染力

取决于蔬菜植株自身的营养状况。营养条件较好时,抗病力也强。因此,通过科学施肥,调节蔬菜体内营养,增强植株的免疫功能来减少病害发生的防治方法,称为营养防治。试验证明,蔬菜植株体内的硅氮或钾氮比值大时,可有效抵抗病斑的扩展。例如,增施钾肥可防治辣椒根腐病、番茄早疫病,叶面喷施1%的硼砂,可有效抑制瓜类蔬菜的白粉病,铁可降低蔬菜苗期炭疽病的危害程度,钙、锌对真菌病害的病斑扩展作用较强。反之,许多蔬菜在高温干旱的条件下,植株营养不良,常会发生病毒病。病毒病虽无特效药可治,但增施肥水,改善植株的营养状况,使植株的生长力超过病毒的危害,虽然不能完全消灭植株内的病原菌,但影响蔬菜产量的因素大为减轻。这种现象,在蔬菜生产中屡见不鲜。

十五、蔬菜生产中代替激素处理的技术措施

近年蔬菜栽培中用激素处理,防止落花落果已十分普遍,现在环保型蔬菜生产,特别是有机蔬菜严格禁用人工合成的生长刺激素。在不用生长刺激素的情况下能否用其他措施代替,这是当前人们十分关注的问题。从自然界固有的规律而言,开花结果是必然的,毋须有激素去刺激,只不过在不良的生长发育的条件下,特别是反季节栽培时常会开花不结实。番茄、茄子等自花授粉作物,花粉成熟后需一定的温度、湿度和振动,才能完成授粉过程,未经授粉或授粉不良的花朵,易在花柄处产生离层而脱落。当前生产上为保花保果,常用2,4-D、番茄灵防止落花落果。西葫芦、西瓜、甜瓜等异花授粉的作物,常用坐果灵、膨瓜素等人工合成的激素防止落花落果。

根据落花落果的原因,在禁用人工生长刺激素的情况下,

笔者认为可以用下列几种方法，代替激素处理，防止落花落果。

第一，调节棚室内的温度、湿度及光照，使蔬菜植物在适宜的环境条件下生长发育结果。如茄果类蔬菜早春在棚室内温度低于 15℃，夏季露地生长气温高于 30℃ 常会引起落花落果。如果冬春将棚室内温度控制在 15℃ 以上，夏秋将露地番茄，用遮阳网覆盖，气温控制在 30℃ 以下，则也就不存在落花落果，毋须再用生长刺激素了。

第二，自花授粉的茄果类蔬菜，在冬春低温，或夏秋高温期间摇动茎秆，或用手电筒式微型振荡器，振动花器，使花朵内的花粉及早落入柱头上，也能促使自然结果。

第三，异花授粉的西葫芦、黄瓜、西瓜、甜瓜等作物，在早春棚室栽培时，因低温短日照条件下，雌花多于雄花，如能补光、增温，促使多开雄花，或将少数的雄花在雌花上经人工授粉，使多数雌花受精而结果。

第四，近年有专供棚室内传粉用的蜜蜂或苍蝇，可在棚室内放飞，由蜜蜂或苍蝇帮助传粉而防止落花落果。

十六、驱避措施

驱避措施是在生产区域的周围张挂或覆盖具有某些色泽的材料，用以赶走某些害虫，使作物免受危害的措施。如利用蚜虫对银灰色的负趋向性，将银灰色的地膜覆盖于地面，以赶走蚜虫，保护作物，一般每 667 平方米，用膜约 5 千克，也有将银灰色薄膜或反光塑料薄膜剪成 10～15 厘米的挂条，挂于棚室周围，每 667 平方米用量 1.5 千克，也能收到驱蚜的效果。夏秋高温季节，还可用银灰色的遮阳网覆盖棚室，除了遮阳降温,也有驱蚜的效果。

十七、诱杀措施

诱杀害虫的措施是根据害虫的趋光性、趋化性等习性,把害虫诱集杀死的一种方法。这种方法简单易行,投资少、无污染、效果好,可以不用或少用农药,能提高蔬菜产品的质量,是发展环保型蔬菜的主要技术措施之一。现将近年使用的主要诱杀措施分述如下。

(一)黑光灯诱蛾

在夜蛾成虫盛发期开始诱杀成虫,一般 2～3 公顷面积设一盏黑光灯,灯下设一盆水,水内溶入少许洗衣粉,以便害虫掉入水中被杀死。设置的方法是灯高 1.2 米左右,灯下 20 厘米处设一水盆,每晚 9：00 至次日凌晨 4：00 开灯,可诱杀小菜蛾、斜纹夜蛾、甘蓝夜蛾、银纹夜蛾、甜菜夜蛾、小地老虎、烟青虫、豆荚螟,蝼蛄、金龟子、棉铃虫等成虫,天气闷热、无月光、无风的夜晚诱杀更好。黑光灯不仅可以诱杀成虫,而且还可预测预报虫情。

(二)糖醋毒液诱蛾

用糖 3 份、醋 4 份、酒 1 份和水 2 份,配成糖醋液,并在糖醋液内按 5% 加入 90% 晶体敌百虫,然后把盛有毒液的钵放在菜地里高 1 米的土堆上,每 667 平方米放糖醋液钵 3 只,白天盖好,晚上打开,能诱杀斜纹夜蛾、甘蓝夜蛾、银纹夜蛾、小地老虎等害虫。

(三)杨柳树枝诱蛾

将长约 60 厘米半枯萎的杨树枝、柳树枝、榆树枝,按每 10 支捆成一束,基部绑一小木棍,每 667 平方米插 5～10 把枝条,并蘸 95％的晶体敌百虫 300 倍液,可诱杀烟青虫、棉铃虫、黏虫、斜纹夜蛾、银纹夜蛾等害虫的成虫。

(四)鲜草诱杀

在菜地行间或棚室内外的周边,栽培或撒播招引害虫的蔬菜,将主作物上的害虫引到保护作物上加以捕杀。如早春马铃薯、番茄、辣椒、茄子、黄瓜等防治地老虎时,可在傍晚沿行撒新鲜的青菜秧、莴笋嫩叶、水草等引诱地老虎等地下害虫啃食,次日清晨收集菜秧、莴笋叶、水草等,连地下害虫一起销毁。

(五)性 诱 杀

用 50～60 目防虫网制成一个长 10 厘米,直径 3 厘米的圆形笼子,每个笼子里放两头未交配过的雌蛾(可先在田间采集雌蛹,放在笼里,羽化后待用),把笼子吊在水盆上,水盆内盛水,并加入少许煤油,在黄昏后放于菜地,一个晚上可诱杀数百或上千只雄蛾。

此外,也有用性诱剂诱杀,如菜蛾性诱剂每只诱芯含合成性诱剂 50 微克,用铁丝吊在离水面 1 厘米的上方,水盛盆内,并加适量洗衣粉,每盆诱杀半径约 100 米,持效期为 1 个月以上。在菜蛾种群密度较低时,用此法防效更为突出。

（六）黄板诱蚜

在 30 厘米见方的板上，正反面刷上菜花黄漆，干后在板上刷一层 10 号机油，每 667 平方米菜地行间竖立放置 10～15 块板，黄板要高出植株 30 厘米，可诱杀蚜虫、温室白粉虱和美洲斑潜蝇等害虫，防止其迁飞扩散为害。

（七）频振式杀虫灯

该技术是近年国内推广的一项先进实用技术。它利用害虫对光源、波长、颜色、气味的趋性，选用了对害虫有极强的诱杀作用的光源和波长，引诱害虫扑灯，并通过高压电网杀死害虫，能有效地防治害虫为害，控制化学农药的使用，减少环境污染。利用频振式杀虫灯，诱杀虫量大、杀虫广，能诱杀鳞翅目、鞘翅目、双翅目、同翅目 4 个目，11 个科，200 多种害虫，同时有较好的杀害保益的效果，其诱杀成虫益害比为 1：97.6，比高压汞灯低 50％以上。

十八、生物防治

环保型蔬菜生产禁止使用人工合成的化学农药，但允许使用来自生物源的农药。生物防治是利用生物或其代谢产物来控制蔬菜病虫害的发生。主要包括利用天敌、有益微生物及其产物防治病虫害。生物防治可以归纳为以虫治虫、以菌治虫、以昆虫病毒治虫、以昆虫病原线虫治虫、以昆虫生长调节剂治虫、以植物疫苗治病、用农用抗生素治病、以及饲养家禽啄食害虫，保护或饲养青蛙、蟾蜍等。

（一）以虫治虫

以虫治虫是利用昆虫的天敌，对有害的昆虫寄生或捕食的方法治虫。捕食性昆虫常见的有步行虫、瓢虫、草蛉等，生产上已利用草蛉、瓢虫防治蚜虫、植绥螨防治叶螨等已取得良好效果。利用寄生性昆虫最成功的例子是人工饲养赤眼蜂，利用赤眼蜂寄生卵的特性控制、杀死番茄棉铃虫、辣椒烟青虫等害虫。其他如丽蚜小蜂防治温室白粉虱，金小蜂防治菜青虫等，也在蔬菜生产中取得了一定效果。

（二）以菌治虫

昆虫病原微生物有千余种。这些微生物对人、畜和植物无害，可用来防治害虫。用菌防虫具有应用范围广、毒力持久和使用方便等优点。

1. 病原真菌的利用

引起昆虫病症的虫生真菌种类很多，常用的有白僵菌、绿僵菌和虫霉。白僵菌以防治大豆食心虫、玉米螟而著称，绿僵菌以防治地下害虫蛴螬而出名。虫霉则是蔬菜蚜虫的重要病原菌。

2. 苏云金杆菌的利用

苏云金杆菌又称 Bt 杀虫剂，是一种寄生于昆虫体内的细菌，是微生物农药中应用最广泛的一类，市场上已出现多种苏云金杆菌制剂，如高效 Bt、复方菜虫菌、大宝、7216 生物农药等，用来防治为害各种蔬菜鳞翅目的昆虫特别有效。

（三）以昆虫病毒治虫

一般昆虫病毒只感染一种昆虫，并不感染人、畜、植物及其他有益的生物,因此,使用比较安全。由于昆虫病毒具有专化性,可以制成良好的选择杀虫剂,而对生态系统极少有破坏作用,这是应用病毒的一大优点。

用以防治蔬菜害虫的昆虫病毒,主要有两类,即核型多角体病毒和颗粒体病毒。这两类病毒可防治菜青虫、斜纹夜蛾、烟青虫和棉铃虫等主要蔬菜害虫。害虫由发病至死亡时间较长,在20℃温度条件下,一般需要7～8天。从国内昆虫病毒剂的发展情况来看,昆虫病毒复合杀虫剂的生产与应用已成为一大特色。首先是病毒与微生物复合的一种纯生物杀虫剂,是将昆虫病毒与苏云金杆菌或白僵菌在生产过程中进行复合。其特点是能集病毒和菌类制剂的优点于一体,既保持了微生物的广谱性和速效性,也保证了对抗药性害虫的特异性和持续性,弥补了单用病毒所起作用的不足,克服了苏云金杆菌对夜蛾科害虫不甚敏感的缺点。如小菜蛾病毒与苏云金杆菌复合生物杀虫剂,被运用于蔬菜害虫的防治,取得了十分满意的治虫效果。另外一类是病毒与低残毒的化学农药复配的"生物—化学杀虫剂"。该制剂,既可发挥病毒治虫的优势,大大减少化学农药的用量,又能起到化学药剂杀虫的作用。

(四)以昆虫病原线虫治虫

昆虫病原线虫是寄生于昆虫体内的细丝形寄生虫。蔬菜害虫中的小地老虎、斜纹夜蛾、棉铃虫和菜青虫等,都有线虫寄生,一般寄生率为40%～70%,高的可达80%～90%。目前应用较多的小卷蛾线虫,是一种杀虫范围广的生物,能防治鳞翅目、双翅目、鞘翅目几百种不同的害虫,均有较好的效果。尤其是在人工大量繁殖后,将其释放于田间,防治害虫的效果更好,其寄生率常高达85%。

（五）以昆虫生长调节剂治虫

昆虫生长调节剂，号称第四代农药。例如灭幼脲是一种几丁质合成酶的抑制剂，可阻断害虫正常蜕皮而杀虫，对菜青虫、黏虫等害虫都有很好的防治效果。

近年加拿大的加保（生化）公司研制出的《翠宜丽》有机肥料，除了有肥效外，其主要成分是甲壳（机丁）能够刺激地下有益微生物分泌机丁酶。这种酶可以分解有害于地下虫卵，如线虫卵的外壳及大部分真菌的细胞壁，使地下害虫、线虫及大部分真菌的第二代被消灭。这种机丁也能刺激植物产生机丁酶，增强植物的免疫能力，能有效地防止有害细菌的真菌的感染。从《翠宜丽》有机肥料农地测试显示，机丁能够有效阻止镰孢菌、萎黄病菌及诺卡氏菌的生长。由此，大大减少了与有益细菌的生存竞争，使土壤中有益细菌数量增加、促使根部生长良好、吸收能力增加，从而提高了作物的产量。

（六）以植物疫苗治病

利用植物疫苗植物抗性诱导剂，防治植物病害，这是一种全新的病害防治方法，对一些难以控制的病害效果明显。目前较为成功的是利用弱毒病素诱导植物产生抗病毒能力，减轻病毒的危害。例如在分苗期用 100 倍液弱毒病毒疫苗 N_{14} 蘸根 30 秒，可预防番茄的病毒病。

（七）用农用抗生素治病虫

农用抗生素是微生物的代谢产物，一般由发酵生产获得，它们可用于防治作物病虫害，效果优异。由于它们是由活体菌代谢而来，可以归为"生物源农药"，但严格地从实质上说，它们是化学物质，而不是活体，尽管一般为低毒，可用于无公害蔬菜生产使用，但某些抗生素，如阿维菌素的原药为高毒。因此，国家将其列入化学农药范畴严格管理，在有机蔬菜生产中严禁使用，在绿色蔬菜或无公害蔬菜中限量使用。抗生素依其防治作用，可分为农用抗生素及农用杀虫素两大类，现将我国使用的抗生素分述如下。

1. 农用抗生素

(1)中生生素，又名农抗751　登记的产品为1%中生菌水剂，中等毒性。60毫克/千克拌种或20～30毫克/千克喷雾可用于防治白菜软腐病。

(2)农抗120　登记产品为2%和4%农抗120水剂，属于低毒。200倍液喷雾可用于防治瓜类白粉病、大白菜黑斑病和番茄疫病。200倍液灌根可防治西瓜枯萎病、炭疽病。黄瓜白粉病用2%的水剂200倍液喷雾，隔15～20天喷1次，共喷4次，如病情重者隔7～10天喷1次。

(3)多抗霉素　又名多氧霉素，多效霉素，低毒制剂。1.5%可湿性粉剂75～100倍液，隔7～9天，用药5次，可防治黄瓜霜霉病、白粉病；200～300倍液发病前灌根，以后连续多次喷药，可防治瓜类枯萎病；75倍液间隔7～9天，用药5次可防治番茄晚疫病和早疫病；150倍液用于土壤消毒，可防治菜苗猝倒病；400倍液可抑制洋葱霜霉病的发生。

(4)武夷菌素　登记产品为1%农抗武夷菌素水剂。属于低毒，100～150倍液可防治黄瓜白粉病，效果达90%以上。100毫克/升武夷菌素洒2次，防治番茄叶霉病；150倍液防治番茄灰霉病。此外，对黄瓜灰霉病、韭菜灰霉病也有一定防效。

(5)宁南霉素　登记产品为2%宁南霉素水剂，制剂低毒。90～120克(有效成分)/公顷喷雾，可防治番茄病毒病。

200 毫升/667 平方米,每隔 7 天喷 1 次,共喷 3 次,可防治辣椒病毒病。

(6)井冈霉素 登记产品为 5％井冈霉素水剂,属于低毒。在黄瓜播于苗床后,以 1 000～2 000 倍液浇灌苗床,每平方米用药液 3～4 千克,可防治黄瓜立枯病。

(7)春雷霉素 又称春日霉素。低毒,有较强的内吸性。我国登记产品为 6％(6 万个国际单位)春雷霉素可湿性粉剂,用 300 倍液灌根及喷雾,可防治黄瓜枯萎病。日本北兴化学工业株式会社登记产品为 2％液剂,400～500 倍液喷雾,可防治黄瓜角斑病和番茄叶霉病。

(8)链霉素 低毒,登记产品 72％农用硫酸链霉素可溶性粉剂。制剂可防治白菜软腐病、番茄细菌性斑腐病、晚疫病;马铃薯种薯腐烂病、黑胫病;黄瓜角斑病、霜霉病;菜豆霜霉病、细菌性疫病;芹菜细菌性疫病。

2. 农用抗虫素

(1)多杀菌素 高效低毒抗虫素,对昆虫有胃毒和触杀作用。我国登记产品是菜喜 2.5％悬浮剂。能防治甘蓝小菜蛾,每公顷用有效剂量 12.5～25 克。应避免直接用于蜜源植物、养蜂场所,对水生节肢动物有毒,还应避免污染河川、水源。

(2)阿维菌素 原药高毒,制剂低毒。生产有机蔬菜、绿色蔬菜禁用,生产无公害蔬菜尚未限制。是高效、广谱、低残毒杀虫、杀螨剂。有胃毒和触杀作用。登记产品有效成分含量从 0.1％～1.8％不等。剂型有乳油、可湿性粉剂。使用量 1 000～8 000 倍液不等。可防治多种蔬菜害虫,如蜱螨目(二斑叶螨、跗线螨)、鳞翅目(小菜蛾,甜菜夜蛾等)、双翅目(美洲斑潜蝇、韭蛆)、鞘翅目(黄条跳甲)等。阿维菌素对捕食性和寄生性天敌有直接触杀作用,对蜜蜂、鱼类及水生生物高毒,使用时应避免在这些地区使用。

由于阿维菌素毒性高,为此,又研制出毒性稍低、效果更高的富表甲氨基阿维菌素。该药毒性中等。登记产品为 0.5% 乳油,防治小菜蛾时,每 667 平方米用 0.25 克(有效成分)即可。但该药不能与碱性农药混用,对鱼虾、蜜蜂的毒性仍高。

(3)浏阳霉素 低毒。登记产品 10%浏阳霉素乳油。每公顷用 45~75 克有效成分,可防治蔬菜上的叶螨,对蚜虫也有一定效果。

(八)植物浸出液

20 世纪末起各国都在寻求能杀死病虫,而对人、畜无害,又不污染环境的特异物质,这些特异物质包括昆虫的拒食性、阻碍生长发育、抑制蜕皮、抑制蛹的发育和羽化、不育作用(包括干扰雌虫信息素的分泌和干扰交配)以及驱避产卵等。这些植物源的农药,不同于旧时代在植物中寻找有触杀或胃毒作用的物质,已不再是将有毒杀作用的植物次生物质提取制作杀虫、杀菌剂的旧概念。目前全世界对数千种植物正在研究与应用,国内外对蔬菜病虫害防治认为较有效果的有印度楝树、四川楝树、大蒜、烟草、蓖麻叶、洋葱、丝瓜叶、番茄叶、苦参、臭椿、大葱叶、辣椒、除虫菊、苦木、透骨草、狼毒、淫羊藿、豆薯、枫杨叶、闹羊花、辣蓼、桃叶、油茶枯、皂角、橘皮、半夏、马齿苋、曼陀罗、野艾蒿、苍耳、花椒等。

现将上述主要的几种植物,对蔬菜病虫害防治的方法、效果分述如下。

1. 印度楝树

印度楝树的浸出液、楝树油核籽仁粉、楝树籽饼,能杀虫、驱虫、拒食、抑制生长、杀死真菌和线虫。印度楝树对蔬菜害虫防治的种类很多,见表10-3。

表 10-3 印度楝树防治蔬菜害虫的种类

蔬　菜　害　虫		寄　主
蜱螨目	朱砂叶螨	青椒、茄子、豆类
	二斑叶螨	青椒、黄秋葵
	红守瓜	瓜类蔬菜
	黄瓜十一星叶甲虫(食根亚种)	黄瓜、甜瓜
	墨西哥大豆瓢虫	豆类蔬菜
鞘翅目	茄二十八星瓢虫	茄　子
	马铃薯瓢虫	马铃薯、番茄
	菜豆褐叶甲	菜　豆
	菜跳甲	白　菜
	黄曲条跳甲	白　菜
	黄秋葵跳甲	黄秋葵
双翅目	瓜大实蝇	苦　瓜
	豌豆斑潜蝇	蚕　豆
	三叶草斑潜蝇	蚕豆、利马豆
	木豆黑潜蝇	木　豆
同翅目	豌豆蚜	蚕　豆
	豆蚜	蚕　豆
	瓜　蚜	瓜类蔬菜、黄秋葵
	银叶粉虱	甘　蓝
	烟粉虱	马铃薯、番茄、茄子
	马铃薯叶蝉	马铃薯
	萝卜蚜	甘　蓝

蔬　菜　害　虫		寄　主
膜翅目	黑翅菜叶蜂	甘蓝、白菜
	大菜螟	甘　蓝
	翠纹金刚钻	黄秋葵、瓜类蔬菜
	棉铃虫	番茄、木豆
	烟芽夜蛾	番　茄
	美洲棉铃虫	番　茄
	甘蓝夜蛾	甘　蓝
	烟草天蛾	番　茄
	豇豆荚螟	豇　豆
	黏　虫	瓜类蔬菜
	亚洲玉米螟	青　椒
	欧洲玉米螟	青　椒
	马铃薯麦蛾（马铃薯块茎蛾）	马铃薯
	大菜粉蝶	甘　蓝
鳞翅目	菜粉蝶	甘　蓝
	小菜蛾	甘蓝、羽衣甘蓝、花椰菜
	玉米蛀茎夜蛾	甜玉米
	亚热带黏虫	番　茄
	甜菜夜蛾	甘蓝、花椰菜、苋菜
	草地夜蛾	甘蓝、青椒、豆类蔬菜
	海灰翅夜蛾	苋菜、番茄、青椒
	斜纹夜蛾	甘蓝、花椰菜
	棉卷叶野螟	黄秋葵
	粉纹夜蛾	甘　蓝

续表 10-3

蔬菜害虫		寄主
直翅目	飞蝗	花椰菜
缨翅目	茶黄蓟马	辣椒
	豇豆大蓟马	豇豆

* 本表摘自全国农牧渔业丰收计划办公室编著的《无公害蔬菜生产技术》

2. 辣　椒

辣椒的成熟果实及种子具有杀虫、驱虫、拒食、熏蒸性的杀虫效果。能杀死蚜虫、粉虱、菜白蝶、马铃薯岬虫等蔬菜害虫，一般将 100 克辣椒磨成粉，加水 1 千克，摇匀、过滤作原液备用。使用前用 1 份原液，加 5 份肥皂水稀释，喷雾防治。

3. 大　蒜

大蒜内含有大蒜素，具有杀虫、驱虫、拒食、杀细菌、杀真菌、杀线虫等害虫。大蒜叶、大蒜头捣碎、过滤、对水、喷雾。在蔬菜上可用于杀蚜虫、黏虫、马铃薯　虫、菜白蝶、线虫，大蒜还能用于防治霉菌和豆类锈病和真菌。大蒜的溶剂要现配现用，以免有效成分挥发而失效。

4. 烟　草

烟草叶片和秸秆中含有尼古丁，对昆虫有胃毒、驱虫和呼吸毒性，也有杀螨、杀真菌的作用。用烟草秸秆和叶片 1 千克，切碎浸泡在 15 千克的水中，经一昼夜，滤去烟草残渣，加一小把肥皂片做粘着剂喷雾，能杀死蚜虫、菜青虫、黄曲条跳岬、米象、潜叶蝇、螨虫、螟虫、蓟马以及菜豆的锈病、马铃薯的真菌病和卷叶病毒等。

5. 蓖　麻

蓖麻的种仁含有蓖麻毒素。蓖麻的叶片中有毒成分稍低。使用时如用蓖麻籽油渣滓 1 千克，加水 5 千克，加肥皂水 0.2

千克。如用蓖麻叶捣碎,则对水 10 倍。如用蓖麻叶晒干磨粉,则按 0.5％ 的量拌入土杂肥中均能杀死蔬菜的蚜虫、菜青虫、金龟子、地蛆、地老虎、蛴螬、孑孓等害虫。使用时可以用喷雾、喷洒、拌入土杂肥中或直接放入粪池或污水池中。蓖麻毒素遇热、遇紫外线,均因变性而失去毒性,应随配随用。

6. 苦　参

又名地槐、苦骨、野槐根、地参。多年生草本,根和种子有毒,有毒成分主要是苦参碱、氧化苦参碱、槐酸碱、槐果碱、臭豆碱等。是神经毒剂、杀虫剂。能杀死蚜虫、小菜蛾、猿叶甲虫、菜青虫幼虫、螨虫、粉虱、潜叶蝇等。使用时可将苦参的根切片、茎、叶晒干,在温水中浸泡 24 小时后过滤,加水 5～10 倍喷雾。如将茎叶粉碎,每 667 平方米用 2～3 千克,可防治地下害虫。

此外,洋葱叶、大葱叶、丝瓜叶、番茄叶、除虫菊、透骨草、狼毒、淫羊藿、枫杨叶、闹羊花、辣蓼、桃叶、油茶枯、皂角、橘皮、半夏、马齿苋、曼陀罗、野艾蒿、苍耳、花椒等民间都有应用于蔬菜病虫害的防治,不再一一详述。

(九)草木灰浸出液

每 667 平方米菜地用草木灰 10 千克,对水 50 千克,浸泡 24 小时,取滤液喷洒,可有效地防治蚜虫、黄守瓜。若葱、蒜、韭菜受种蝇、葱蝇的蛆危害,每 667 平方米沟施或撒施草木灰 20～30 千克,既治蛆,又增产。

(十)死虫浸出液

在菜青虫、小菜蛾发生期,先从菜叶上捉 50 克幼虫,装入塑料袋中捣碎腐烂,加水 100 毫升,浸泡一昼夜后过滤,在滤出的液中加水 20 千克,洗衣粉 25 克,搅匀喷雾。能治菜青虫、小菜蛾外,还能防治地老虎、粘虫等其他害虫。

(十一)兔粪浸出液及沼气池中汁水

兔粪 1 千克,加水 10 千克,装入缸内密封沤制 15～20 天,用时搅拌均匀,浇于瓜菜根部,可防治地老虎。沼气池中汁水与兔粪同样有防治地下害虫及追肥的作用。

十九、高锰酸钾防治

高锰酸钾虽为化学制剂,但医药上是人、畜通用的外用药品,在环保型蔬菜生产上是允许使用的。高锰酸钾是强氧化还原剂,其溶液有很强的杀菌、消毒及防腐作用。试验证明,用其不同浓度的溶液防治蔬菜苗期猝倒病和立枯病、霜霉病、软腐病、枯萎病、根腐病、病毒病等多种病害,效果非常显著。同时,它含有植物所必需的锰和钾两种营养元素,能促进作物增产,可谓药肥两用。该药药源丰富,成本低,各地药店均有销售,易于采购,对人、畜安全、无毒、对作物无残留、无药害,对环境无污染。因此,高锰酸钾是一种无公害蔬菜难得的杀菌剂。

二十、化学农药对病虫草害的防治

人工合成的化学农药,在有机食品生产中严格禁止使用,在绿色食品或无公害食品生产中,根据不同的药品有禁止或限量使用。各种人工合成的化学农药使用的办法可参见我国最近公布的有关标准、《OFDC 有机认证标准》、各种绿色蔬菜生产技术规程及无公害蔬菜生产各省、市地方标准的有关规定。各个标准及规定都随着科学技术的发展，经常会有所修改，使用时应尽量按照最新版本执行。

各有关标准及规定详见附录。

附录1 《OFDC 有机认证标准》
国家环境保护总局有机食品发展中心

（摘录与蔬菜生产、加工、销售等有关部分的内容）

2003 年 4 月制订

2003 年 7 月 1 日起实施

1. 范围

1.1 本标准规定了对有机产品的生产、加工、贸易和标识等的要求。

1.2 本标准适用于下列执行或计划执行本标准的产品生产：

1）未加工的农作物产品；

2）畜禽和未加工的畜禽产品；

3）蜜蜂和蜂产品；

4）人工养殖的水产品和开放水域生长的野生生物；

5）采集的野生植物；

6）由一种或多种植物或动物原料生产的用于人类消费的农作物、畜禽、水产或野生植物加工产品。

1.3 未列入 1.2 条的其他农产品及其加工产品参照本标准的要求执行。

2. 引用标准

2.1 GHZBI 地表水环境质量标准

2.2 GB 5749 生活饮用水卫生标准

2.3 GB 11607 渔业水质标准

2.4 GB 5084 农田灌溉水质标准

2.5 GB 8978 污水综合排放标准

2.6 GB 15618 土壤环境质量标准

2.7 GB 3095 环境空气质量标准

2.8 GB 9137 保护农作物的大气污染物最高允许浓度

2.9 GB 2760 食品添加剂使用卫生标准

2.10 GB 14880 食品营养化剂使用卫生标准

2.11 GB 11673 含乳饮料卫生标准

2.12 GB 15198 食品中亚硝酸盐限量卫生标准

2.13 GB 4287 纺织染料工业污水物排放标准

3. 定义

3.1 有机

指有机认证标准描述的生产体系以及由该体系生产的特定品质的产品,而不是化学上的定义。

3.2 有机农业

指在动植物生产过程中不使用化学合成的农药、化肥、生长调节剂、饲料添加剂等物质,以及基因工程生物及其产物,而是遵循自然规律和生态学原理,采取一系列可持续发展的农业技术,协调种植业和养殖业的平衡,维持农业生态系统持续稳定的一种农业生产方式。

3.3 传统农业

指沿用长期积累的农业生产经验,主要以人、畜力进行耕作,采用农业、人工措施或传统农药进行病虫草害防治为主要技术特征的农业生产模式。

3.4 有机食品

指来自于有机生产体系,根据有机认证标准生产、加工,并经独立认证机构认证的农产品及其加工产品等。

3.5 有机产品

指按照有机认证标准生产并获得认证的有机食品和其他各类产品,如有机纺织品、皮革、化妆品、林产品、家具以及生物农药、肥料等有机农业生产资料。

3.6 天然产品

指自然生长在地域界限明确的地区、未受基因工程和外来化学合成物质影响的产品。

3.7 常规

指未获有机认证或有机转换认证的生产体系及其产品。

3.8 有机转换期

指从开始有机管理至获得有机认证之间的时间。

3.9 平行生产

指有机生产者、加工者或贸易者同时从事相同品种的其他方式的生产、加工或贸易。其他方式包括:非有机;有机转换。

3.10 缓冲带

指有机生产体系与非有机生产体系之间界限明确的过渡地带,用来防止受到邻近地区传来的禁用物质的污染。

3.11 作物轮作

指为了防治杂草及病虫害,提高土壤肥力和有机质含量,在同一地块上按照预定的方式或顺序轮换耕作不同种类的作物的农事活动。

3.12 基因工程

指分子生物学的一系列技术（如重组 DNA、细胞融合）。通过基因工程，植物、动物、微生物、细胞和其他生物单元可发生按特定方式或可获得特定结果的改变，且该方式或结果无法来自自然繁殖或自然重组。

3.13 顺势疗法

指一种疾病治疗体系，以小剂量持续使用某种药物为基础，这种药物的大量服用可在健康动物体内产生一种类似于其试图治疗的疾病的症状。

3.14 食品配件

指包括食品添加剂在内的、用于食品加工或配制的物质。

3.15 食品添加剂

指为改善食品品质和色、香、味，以及防腐和加工工艺的需要而加入食品中的化学合成或者天然物质。

3.16 加工助剂

指为了在加工过程中实现特定的技术目的，而在原材料的加工中有意使用的物质或材料。它本身不作为产品成分，但在终产品中可能存在其残留物或衍生物。

3.17 离子辐射

指放射性核素（如钴 60 和铯 137）的高能辐射，用于改变食品分子结构，以控制食品中的微生物、寄生虫和害虫，从而达到保存食品或抑制诸如发芽或成熟等生理学过程的目的。

3.18 标识

指出现在产品的标签上、附在产品上或显示在产品附近的书面、印刷或图解形式的表示。

3.19 允许使用

指可以在有机生产体系中使用某物质或方法。

3.20 限制使用

指在无法获得允许使用物质的情况下,可以在有机生产体系中有条件地使用某物质或方法。通常不提倡使用这类物质或方法。一般情况下,限制使用的物质必须有特定的来源,并能说明未受污染。

3.21 禁止使用

指不允许在有机生产体系中使用某物质或方法。

3.22 认证

指具有相应资质的独立第三方组织给予书面保证来证明某一明确定义的生产或加工体系经过系统地评估且符合特定要求的程序。认证以规范化的检查为基础,包括实地检查、质量保证体系的审计和终产品的检测。

4. 有机生产和加工的主要目标

有机生产和加工是以社会经济与环境相协调的可持续发展思想和原理为基础。通过有机生产和有机产品的贸易实现以下目标:

4.1 生产优质产品,满足社会的需求;

4.2 促进耕作系统中生物循环和物质循环;保持和提高土壤的长效肥力;

4.3 尊重畜禽在自然环境中的生理需要和生活习性,协调种植业和养殖业平衡;

4.4 尽可能利用当地生产系统中的可再生资源,促进水资源和其他资源的合理利用和保护。

4.5 保持生产体系和周围环境的生物多样性,保护野生植物和野生动物栖息地;

4.6 发展持续的水产品生产系统;

4.7 生产可完全生物降解的有机产品,使各种形式的污

染最小化;

4.8 提高生产者和加工者的收入,满足他们的基本需求,努力使整个生产、加工和销售链都能向公正、公平和生态合理的方向发展。

5. 有机认证的基本要求

5.1 农场

5.1.1 范围

申请认证的农场应是边界清晰、所有权和经营权明确的农业生产单元。通过 OFDC 认证的农场地块,生产的所有植物和动物性产品都可以作为有机产品。

如果农场既有有机生产,又有常规生产,则农场经营者必须指定专人管理和经营用于有机生产的土地,且必须采取有效措施区分非有机(包括常规和转换)地块上的和已获得有机认证的地块上的植物、动物,这些措施包括:分开收获、单独运输、分开加工、分开贮存和健全跟踪记录等;同时,要制定在 5 年内将原有的常规生产土地逐步转换成有机生产的计划,并将计划交 OFDC 颁证委员会批准。OFDC 受理认证的农场类型包括:

(1)国营或集体农场

指农场土地所有权和使用权由国家或集体所有。

(2)个人承租的农场

指农场土地由个人或家庭向当地政府承租的。

(3)公司承租的农场

指农场土地是由公司向当地政府承租的。(如果公司雇用当地的农民耕种这些土地,只要公司与农民之间没有产品买卖关系,那么,被该公司雇用的农民在其他地方种植与有机地块相同品种的作物可不当作平行生产;如果这些农民虽然被要求按照有机方式耕种公司租用的土地,但公司不给他们支付工资,只是购买他们的产品,那么这些农民在其他地方种植与有机地块相同的作物,应被看作平行生产。)

(4)农民团体农场

指由多个农户在同一地区从事农业生产,这些农户都愿意以有机方式开展生产,并且建立了严密的组织管理体系,包括内部质量跟踪审查体系,那么这些农户所拥有的土地可以被看作是独立的农场。

允许获得 OFDC 有机认证的上述各种类型农场不断扩展,但新增加的土地必须立即开始有机转换。

禁止农场在有机和常规生产方式之间来回转换。

5.1.2 平行生产

如果一个农场同时以有机方式及非有机方式(包括常规和转换)种植或养殖同一品种的作物或畜禽,则必须在满足以下条件之一的前提下,有机地块或养殖场生产的作物或畜禽产品才可作为有机产品销售:

(1)农场经营者拥有多个分场,在不同分场间存在平行生产的情况,但各分场使用各自独立的生产、贮存设施和运输系统。

(2)向 OFDC 报告平行生产的动植物品种,并制订和实施了平行生产、收获、贮藏和运输的计划,具有独立和完整的记录体系,可确保能够明确区分有机产品与常规产品。

5.1.3 转换

由常规生产向有机生产需要转换,经过转换期后播种或收获的作物或出生的动物才可作为有机产品。生产者在转换期间必须完全按有机生产要求操作。经一年有机转换后的田块中生长的作物,可以作为 OFDC 有机转换作物。

转换期一般从申请OFDC认证之日起算。如果申请者能提供真实的书面证明材料和土地利用的历史资料,经OFDC颁证委员会核准后,转换期可以从生产者实际开始有机生产的日期算起。可以作为核准转换开始时间的证明材料中必须包括:

(1)土地租赁合同;

(2)农场管理历史记录。

此外,地方政府出具的书面证明材料和有关新闻媒体的报导也可以在核准转换期作为参考。开发利用荒地必须提供县级以上人民政府的批准文件。

已通过有机认证的农场一旦回到常规生产方式,则需要重新经过有机转换才有可能再次获得有机认证。

5.1.4　缓冲带

如果农场的有机地块有可能受到邻近的常规地块污染影响,则在有机和常规地块之间必须设置缓冲带或物理障碍物,保证有机地块不受污染。

5.1.5　农场历史

生产者必须提供最近四年(含申请认证年度)农场所有土地的使用状况、有关生产方法、使用物质、作物收获及采后处理、作物产量以及目前的生产措施等整套资料。

5.1.6　生产和管理计划

5.1.6.1　为了保持和改善土壤肥力,减少病虫草的危害,生产者应根据当地的生产情况,制定并实施非多年生作物的轮作计划,在轮作计划中,应将豆科作物包括在内。

5.1.6.2　生产者应制定和实施切实可行的土壤培肥计划,提高土壤肥力,尽可能减少对农场外肥料的依赖。

5.1.6.3　生产者应制定有效的作物病虫草害防治计划,

包括采用农业措施、生物、生态和物理防治措施。

5.1.6.4 生产者在生产中应采取措施,避免农事活动对土壤或作物的污染及生态破坏。

5.1.6.5 生产者应制定有效的农场生态保护计划,包括种植树木和草皮,控制水土流失,建立天敌的栖息地和保护带,保护生物的多样性等。

5.1.7 内部质量控制

5.1.7.1 农场必须保持完整的生产管理和销售记录,包括购买或使用农场内外的所有物质的来源和数量,作物种植管理、收获、加工和销售的全过程记录。

5.1.7.2 畜禽养殖场必须保持完整的生产管理和销售记录,包括所有饲料、添加剂、用药等的来源和数量。

5.1.7.3 每只家畜和每批家禽有从出生到屠宰的全过程记录。

5.1.7.4 对于那些使用常规兽药处理过的家畜必须逐个清楚地标上标签,在标签上注明处理的物质名称和日期。

5.1.8 基因工程

禁止在有机生产中使用基因工程生物及其产物。在同时进行有机生产和常规生产的农场内,在常规生产部分也不允许使用基因工程生物。

5.1.9 检查

申请认证的农场检查必须在植物和动物生长期进行。检查员对被检查农场(包括申请认证的野生植物采集区)的所有地块,每年至少进行一次全面检查。检查存在平行生产的农场时,必须对平行生产从生产、收获、运输、贮藏到销售的全过程进行额外检查。OFDC可以根据颁证委员会的建议和管理需要,随时委派检查员对申请者的生产、加工和贸易进行未通知检查。

5.1.10 污染物分析

在下列情况下,应采集土壤、水和作物样品,分析禁用物质和污染物的残留状况:

(1) 首次申请认证的农场。

(2) 怀疑被检查地块有可能使用了禁用物质。

(3) 过去曾经使用过禁用物质而受到污染时。

5.2 加工和贸易

5.2.1 范围

申请认证的加工者/处理者/贸易者应是所有权和经营权明确的操作单元。从事国内贸易和进出口的有机加工者/处理者/贸易者应具有国家批准的相应资质。

5.2.2 平行生产

允许加工者/贸易者同时从事相同品种的有机产品和常规产品的加工/贸易,但必须采取有效的保证措施,明确区分有机加工/贸易和常规加工/贸易,避免有机产品和常规产品接触、混合,防止有机产品与禁用物质接触。

5.2.3 原料和工艺

5.2.3.1 加工的主要原料必须来自有机生产体系。

5.2.3.2 加工工艺应尽量保持有机产品的营养成分,并保持产品的有机完整性。

5.2.4 贮藏、运输、包装和标识

贮藏、运输、包装和标识必须符合本标准第 14 章和第 15 章的要求。

5.2.5 环境

5.2.5.1 如果加工/贮藏场所周围存在或有潜在的污染源,必须采取切实可行的措施,保证产品不受影响。

5.2.5.2 加工/贮藏过程对环境的影响应最小化。

5.2.6 基因工程

禁止使用基因工程技术及其产物。

5.2.7 内部质量控制

5.2.5.1 必须制定和实施内部质量控制措施。

5.2.5.2 必须建立从原料采购、加工、贮存、运输、包装、标识直至销售的完整档案记录和通过批号、系列号等实现的跟踪审查体系，并保留相应的票据。

5.2.8 检查

检查员至少每年对被检查的加工厂进行一次全面检查。检查应覆盖认证产品的整个生产链，特别是以下活动：

（1）配制或加工（保存和/或加工农产品的操作，含屠宰和切割畜禽产品）；

（2）包装；

（3）标识（包装、文件、说明、标签上的任何与OFDC有机认证有关的文字、商标、商品名称、图形或符号）；

（4）产品贮藏（最终包装的产品除外）；

（5）产品出口。

产品的所有者负责贮藏和运输未最终包装的产品，因此对其所有者实施的认证检查应包括对未最终包装产品的贮藏和运输的检查。

检查应尽可能在生产期进行。如果加工者/贸易者在从事有机加工/贸易的同时也从事同一或类似产品的常规加工/贸易，则必须对其常规操作部分进行额外检查。OFDC根据管理需要，可随时委派检查员对加工者/贸易者进行未通知检查。

6. 作物生产

6.1 转换期

一年生作物的转换期一般不少于 24 个月,多年生作物的转换期一般不少于 36 个月。新开荒地或撂荒多年的土地也要经过至少 12 个月的转换期。

6.2 作物品种的选择

6.2.1 应使用有机种子和种苗。

6.2.2 在得不到认证的有机种子和种苗的情况下(如在有机种植的初始阶段),可使用未经禁用物质处理的常规种子。但从 2005 年 1 月 1 日开始,禁止使用非有机种子。除非生产者有证据表明,至少在二个种子销售商处无法购得有机种子,才可以例外。

6.2.3 应选择适当的土壤和气候特点,对病虫害有抗性的作物种类及品种。在品种的选择中要充分考虑保护作物的遗传多样性。

6.2.4 禁止使用任何转基因作物品种。

6.3 作物轮作

6.3.1 应采用包括豆科作物或绿肥在内的至少三年作物进行轮作。

6.3.2 在一年只能生长一茬作物的地区,允许采用包括豆科作物在内的两种作物的轮作。

6.3.3 禁止连续种植同一种作物,但牧草、多年生作物以及在特殊地理和气候条件下种植的水稻例外。

6.4 土壤培肥

6.4.1 提倡种植豆科作物进行土壤培肥。

6.4.2 在土壤培肥计划中,一定要保证有足够数量的有机肥维持土壤的肥力和其中的生物活性。

6.4.3 提倡采用土壤休闲恢复土壤肥力。

6.4.4 农场中使用的所有肥料应对作物和环境无害,这些肥料应以来自有机农场体系为主。每年从农场外引入的肥料不得超过 15 吨/公顷,遇特殊情况如采用集约耕作方式或处于有机转换期或证实有特殊的养分需求等,经 OFDC 批准可以适当增加。

6.4.5 在土壤培肥过程中允许使用和限制使用的物质见附录 A 。

6.4.6 非人工合成的矿物肥料和生物肥料只能作为培肥土壤的辅助材料,而不可作为系统中营养循环的替代物。矿物肥料必须保持其天然组分,禁止采用化学处理提高其溶解性。

6.4.7 在有机蔬菜的生产中必须合理选择有机肥种类,针对不同的蔬菜品种科学施肥。有机肥的施用不能过量,防止蔬菜中亚硝酸盐含量超标。

6.4.8 叶菜类和块根、块茎类作物不得直接施用未经处理的粪便。

6.4.9 用于有机肥堆制的添加微生物必须来自于自然界,而不是基因工程产物。

6.4.10 禁止使用化学肥料和城市污水污泥。

6.4.11 在有理由怀疑肥料存在污染时,应在施用前对其重金属含量或其他污染因子进行检测。本标准通常适用于矿物肥料、工业废渣如碱性炉渣、粉煤灰等。肥料中重金属含量应符合下表中的限值。磷矿石(粉)中镉含量应符合附录 A 中的限制。

重　金　属	肥料中限值(mg/kg)
汞	5
镉	5
砷	75
铅	250
铜	250
总铬	250
镍	200
锌	500

6.5　病虫草害防治

6.5.1　应采用以下方法综合防治病虫草害：

6.5.1.1　选用抗性植物品种。

6.5.1.2　制定合适的肥水管理、作物轮作和多样化间作套作计划。

6.5.1.3　通过建树篱、筑巢等方法保护害虫的天敌。

只有在紧急情况时才允许使用附录 B 所列出的物质。

6.5.2　允许采用热法控制草害和使用物理方法控制病虫草害。

6.5.3　通过热法消毒来控制病虫害的方法仅限于那些难以实施轮作和土壤更新的地区。采用热法消毒必须获得 OFDC 颁证委员会的许可。

6.5.4　病害

6.5.4.1　允许使用抑制作物真菌的软皂、植物制剂、醋和本标准附录 B 中所列允许使用物质。

6.5.4.2　允许使用纯活性微生物产品。

6.5.4.3 有限制地使用附录 B 所列的限制使用物质。

6.5.4.4 限制使用石灰、硫黄、波尔多液以及其他含硫或铜的物质。

6.5.4.5 限制使用对环境安全的微生物制剂。

6.5.4.6 禁止使用阿维菌素制剂及其复配剂。

6.5.4.7 禁止使用基因工程产品。

6.5.4.8 禁止使用化学合成的杀菌剂。

6.5.5 虫害

6.5.5.1 提倡通过释放天敌如寄生蜂来防治虫害。

6.5.5.2 允许使用软皂、植物性杀虫剂或当地生长的植物提取剂等。

6.5.5.3 允许在诱捕器和散发器皿中使用性诱剂，允许使用视觉性(黄粘板)和物理性捕虫设施(如防虫网)。

6.5.5.4 允许有限制地使用鱼藤酮、植物来源的除虫菊、乳化植物油和硅藻土。

6.5.5.5 允许有限制地使用微生物及其制剂如杀螟杆菌、Bt 制剂等。

6.5.5.6 禁止使用基因工程产品。

6.5.5.7 禁止使用化学合成的杀虫剂。

6.5.6 草害

6.5.6.1 提倡使用作物栽培技术(如轮作、绿肥、休耕等)控制杂草。

6.5.6.2 提倡使用秸秆覆盖除草。

6.5.6.3 允许采用机械和热除草。

6.5.6.4 禁止使用基因工程产品。

6.5.6.5 禁止使用化学除草剂。

6.6 污染控制

6.6.1 常规农业系统中所用的设备用于有机地块前,必须得到充分清洗,以去除上面的污染物残留。

6.6.2 在使用保护性的建筑覆盖物、塑料薄膜、防虫网和青贮料包装材料时,只允许选择聚乙烯、聚丙烯或聚碳酸酯类产品,并且在使用后必须从土壤中清除,禁止在田地上焚烧。禁止使用聚氯类产品。

6.6.3 禁止使用合成的植物生长调节剂。

6.6.4 如果检测表明农场地块或作物存在农药残留,或土壤、作物中重金属含量超过相应的国家标准,OFDC将取消对该农场地块的颁证。

6.7 水土保持和生物的多样性保护

6.7.1 采取积极的措施,防止水土流失、土壤沙化、过量或不合理使用水资源等,在土壤和水资源的利用上,应充分考虑资源的可持续利用。

6.7.2 采取必要的措施,预防土壤盐碱化。

6.7.3 重视生境和生物多样的保护。

6.7.4 重视对天敌及其栖息地的保护。

6.7.5 提倡运用秸秆覆盖或与不同作物间作的方法避免土壤裸露。

6.7.6 充分利用作物秸秆,禁止焚烧处理。

6.7.7 严禁过度开发野生资源。

6.7.8 禁止毁林、毁草、开荒发展有机种植。

6.8 灌溉

6.8.1 有机农业生产灌溉用水水质必须符合GB 5084 农田灌溉水质标准。

6.8.2 有机地块的排灌系统与常规地块应有有效的隔

离措施,以保证常规地块的水不会渗透或漫入有机地块。

7. 食品加工

(略)

8. 畜禽养殖

(略)

9. 蜜蜂饲养和蜂产品加工

(略)

10. 特定作物

(略)

11. 野生植物

11·1 野生植物必须是生长于可界定的可持续生产体系。

11·2 野生植物采集区必须是在采集之前的三年中没有受到任何禁用物质污染的地区。

11·3 如果采集区有施用合成化学物质的历史,则检查员可以要求进行污染物残留分析。

11·4 在交通流量大的路边或其他有污染源的地方必须设置缓冲带。

11·5 收获或采集量不能对环境产生不利影响或对动植物造成威胁,收获或采集的野生植物量不得超过生态系统可持续生产的产量。

11·6 野生植物采集者必须提交一份详细的有机采集区管理方案。

12. 水产养殖

(略)

13. 纺织品

(略)

14. 贮藏和运输

14.1 贮藏

14.1.1 OFDC 认证的产品在贮存过程中不得受到其他物质的污染,要确保有机认证产品的完整性。

14.1.2 贮藏产品的仓库必须干净、无虫害,无有害物质残留,在最近一周内未用任何禁用物质处理过。

14.1.3 除常温贮藏外,允许以下贮藏方法:

(1)贮藏室空气调控。

(2)温度控制。

(3)干燥。

(4)湿度调节。

14.1.4 有机产品应单独存放。如果不得不与常规产品共同存放,必须在仓库内划出特定区域,采取必要的包装、标签等措施确保有机产品不与非认证产品混放。

14.1.5 产品出入库和库存量必须有完整的档案记录,并保留相应的单据。

14.2 运输

14.2.1 运输工具在装载有机产品前应清洗干净。

14.2.2 有机产品在运输过程中应避免与常规产品混杂和受到污染。

14.2.3 在运输和装卸过程中,外包装上的有机认证标志及有关说明不得被玷污或损毁。

14.2.4 运输和装卸过程必须有完整的档案记录,并保留相应的单据。

15. 包装和标识

15.1 包装

15.1.1 提倡使用由木、竹、植物茎叶和纸制成的包装材料,允许使用符合卫生要求的其他包装材料。

15.1.2 包装应简单、实用、避免过度包装,并应考虑包装材料的回收利用。

15.1.3 允许使用二氧化碳和氮作为包装填充剂。

15.2 标识

15.2.1 OFDC 有机认证标志是注册证明商标,获得 OFDC 认证的产品可以使用此标志。

15.2.2 对加工产品,如果获得 OFDC 认证的原料在终产品中所占的比例在 95% 以上,并且是由 OFDC 认可的设施加工和包装的,可以标识为"有机"并使用 OFDC 有机认证标志;如果获得 OFDC 认证的原料在终产品中所占的比例不足 95%,但超过 70%,可以用文字描述获得认证的原料及所占的比例,但不能标识为"有机"和使用 OFDC 有机认证标志。

15.2.3 由多种原料加工成的产品,必须在产品的外包装上按照由多到少的顺序逐一列出各种原料的名称及所占的重量百分比,并注明哪些是通过有机认证的。

15.2.4 获得 OFDC 有机转换认证的产品可以使用 OFDC 有机转换标志,但必须在包装上明确注明为 OFDC 有机转换产品。

15.2.5 在产品的外包装上必须标明生产或加工单位名称、地址、认证证书号、生产日期及批号。

15.2.6 完全由符合要求的野生材料制成的产品,应清楚地标明"野生"或"天然"字样。

15.2.7 动物配合饲料的标签上应清楚地标明适用畜禽种类和用途,及是否已证明营养充足。

15.2.8 产品标识不能错误诱导消费者。

15.2.9 在产品的外包装上印刷标志或说明的油墨必须

无毒、无刺激性气味。

15.2.10 OFDC 标志在使用时仅可等比例放大或缩小，不可变形或变色。

16. 社会公平

16.1 申请有机认证的单位必须遵守《中华人民共和国劳动法》，切实保障申请单位职工的各项权益，并接受各级人民政府劳动行政部门和工会的监督。

16.2 存在明显社会不公正性的申请单位不能获得认证。

17. 颁证决定

17.1 颁证决定分类

颁证管理部负责检查报告的预审，并定期由 OFDC 颁证委员会对检查员提交的检查报告及相关检查资料依照有关标准和程序进行审核，做出审核决议。审核决议通常有以下几种：

17.1.1 同意颁证

申请者已经满足转换期要求，并履行了 OFDC 颁证委员会提出的改进要求，申请者的农场/加工厂/贸易公司已完全符合《OFDC 有机认证标准》。在此情况下，申请者可以获得"OFDC 有机农场证书"和（或）"OFDC 有机加工者证书"和（或）"OFDC 有机贸易者证书"，并同时获得"证明商标准用证"，准予在其获得有机认证的产品上使用 OFDC 有机认证标志。

17.1.2 有条件颁证

申请者的某些生产条件和质量控制措施还需要改进，只有申请者在规定的时限内完全满足了颁证委员会提出的改进要求，并向 OFDC 颁证委员会书面报告其改进情况，得到

OFDC 颁证委员会确认后,才能获得颁证。

17.1.3　不予颁证

生产者的某些重要生产环节和质量控制措施不符合《OFDC 有机认证标准》,因此,不能通过 OFDC 认证。在此情况下,OFDC 颁证委员会将书面通知申请人不能获得颁证的原因。申请者在继续进行有机转换,采取整改措施,使生产和质量控制措施完全满足标准后,方可重新申请认证。

17.1.4　同意颁发有机转换证或证明

如果申请者的生产基地以前曾使用过禁用物质,但到接受检查时已按有机认证标准中的转换要求转换满 12 个月,并且计划继续按照有机认证标准进行生产,则可颁发"OFDC 有机转换农场证书",从该基地收获的产品,可作为有机转换产品销售。若转换期不满足 12 个月,则由 OFDC 出具"有机转换农场证明",但从该农场收获的产品,不可作为有机转换产品销售。

17.2　取消颁证

出现下列情况之一,OFDC 颁证委员会可以取消颁证:

17.2.1　如果生产管理档案的记载不完全,且没有采取改进措施;

17.2.2　有机产品在处理过程中受到化学物质污染,或经过了离子辐射处理或禁用物质熏蒸,或检出有禁用物质残留;

17.2.3　生产者对作物品质低劣、土壤肥力下降以及水土流失等问题,没有采取相应的对策;

17.2.4　向检查员或颁证委员会反映的情况不真实,或以其他不正当手段获取的证书。

17.2.5　违反了 OFDC 标志管理章程。

17.2.6　未按照 OFDC 规定缴纳与检查、认证或标志使用有关的费用。

18. 申诉和投诉

18.1 申诉

18.1.1 有下列情形之一的,申请人可向 OFDC 质量管理部提出申诉:

(1) 提交的申请材料符合要求,但申请未被受理;

(2) 对 OFDC 颁证决定持异议。

18.1.2 申诉人需提交书面的申诉书,写明申诉要求和理由,并提供必要的证据。

18.1.3 OFDC 质量管理部负责调查、取证和核实、并将调查结果提交 OFDC 颁证委员会做出处理决定。

18.1.4 处理申诉所需费用按实际支出,由责任方承担。

18.2 投诉

18.2.1 有下列情形之一的,申请人可向 OFDC 质量管理部投诉:

(1) 对 OFDC 工作人员和检查员行为持异议;

(2) OFDC 收费不合理;

(3) 某单位或个人错误使用或未经许可使用 OFDC 有机认证标志,或进行其他与 OFDC 有关的不符合事实的宣传;

(4) 其他除颁证之外的问题。

18.2.2 投诉人需提交书面的投诉书,写明投诉理由,并提出必要的证据。

18.2.3 OFDC 质量管理部负责调查、取证和核实,并将调查结果提交 OFDC 内部控制小组做出处理决定。

18.2.4 处理投诉所需费用按实际支出,由责任方承担。

19. 标准的修订

(略)

附录A 允许和限制使用的土壤培肥和改良物质

物 质 类 别	物 质 名 称	使 用 条 件
A.1 有机农业体系中生产的物质	农家肥	
	作物秸秆和绿肥	
A.2 有机农业体系以外生产的物质	秸秆	限制使用
	堆肥	限制使用
	海草或物理方法生产的海草产品	限制使用
	来自未经化学处理木材的木料、树皮、锯屑、刨花、木灰、木炭及腐植酸物质	限制使用
	农家肥	限制使用
	充分腐熟的人粪尿	限制使用,且不得用于叶菜类作物和块根、块茎类作物
	未掺杂防腐剂的动物血、肉、骨头和皮毛	限制使用
A.2 有机农业体系以外生产的物质	不含合成添加剂的食品工业副产品	限制使用
	不含合成添加剂的泥炭	禁止用于土壤改良;只允许作为盆栽基质使用
	饼粕	不能使用经化学方法加工的
	鱼粉	限制使用
	骨粉	限制使用

物 质 类 别	物 质 名 称	使 用 条 件
A.3 矿物质	碱性炉渣	限制使用
	钙镁改良剂	限制使用
	钾矿粉	不能通过化学方法浓缩
	微量元素	限制使用
	镁矿粉	
	天然硫黄	
	石灰石、石膏和白垩	
	粘土	
	氯化钙	
	窑灰	
	磷矿粉	镉含量≤90mg/kg
	泻盐类(含水硫酸岩)	
	硼酸岩	
A.4 其他物质	微生物制品	
	植物制品和其提取物	

附录 B 作物病虫害防治中允许和限制使用的物质/方法

物质/方法名称	使 用 条 件
海藻制品	
二氧化碳	
明胶	
蜂蜡	
硅酸盐	

物质/方法名称	使 用 条 件
碳酸氢钾	
碳酸钠	
氢氧化钙	
高锰酸钾	
乙醇	
醋	
奶制品	
卵磷脂	
蚁酸	
软皂	
植物油	
粘土	
石英砂	
热法消毒	限用于那些难以实施轮作和土壤更新的地区,并须获得 OFDC 颁证委员会的许可
机械诱捕	
灯光诱捕	
释放天敌	
不含禁用物质的病毒、真菌和细菌制剂(如 Bt)	限制使用
烟叶水	只限于作物生长早期和热带水果上使用
植物来源的驱避剂	限制使用
昆虫性外激素	只限于在诱捕器和散发器皿内使用

物质/方法名称	使　用　条　件
直接从植物和动物提取的杀虫、杀菌剂	限制使用
硫黄	限制使用
石硫合剂	限制使用
二氧化硫	限制使用
漂白粉	限制使用
生石灰	限制使用
碳酸氢钠	限制使用
轻矿物油(如石蜡)	限制使用
硅藻土	限制使用
波尔多液	限制使用

附录 C　评估有机生产中使用其他物质的程序

附录 A 和 B 涉及有机农业中用于培肥和植物病虫害防治的产品。附录 C 则概述了对有机农业中使用其他物质进行评价的程序和方法。

以下清单供修改土壤培肥和土壤改良允许使用的物质表时使用：

·该物质是为达到或保持土壤肥力或为满足特殊的营养要求，而为特定的土壤改良和轮作措施所必需的，而这些物质又是使用本标准附录 A 中包括的其他物质或采用在第 6 章中概述的方法所不可能满足和替代的。

·该物质的配料来自植物、动物、微生物或矿物，并允许经过如下处理：

物理(机械、热)处理

酶处理

微生物(堆肥、消化)处理

·该物质的使用应不会导致或产生对环境的不能接受的影响或污染,包括对土壤生物的影响和污染。

·该物质的使用不应对最终产品的质量和安全性产生不可接受的影响。

以下清单供修改控制植物病虫草害所允许使用的物质表时使用:

·该物质是防治有害生物或特殊病害所必需的,而且除此物质外没有其他生物的、物理的方法或植物育种替代方法和/或有效管理技术可用于防治这类有害生物或特殊病害。

·该物质(活性化合物)源自植物、动物、微生物或矿物,并可经过以下处理:

物理处理

酶处理

微生物处理

·该物质的使用应不会导致或产生对环境的不能接受的影响或污染,包括对土壤生物的影响和污染。

·该物质的使用应不会导致或产生对环境的不能接受的影响或污染,包括对土壤生物的影响和污染。

·该物质的使用不应对最终产品的质量和安全性产生不可接受的影响。

以下清单供修改控制植物病虫草害所允许使用的物质表时使用:

·该物质是防治有害生物或特殊病害所必需的,而且除此物质外没有其它生物的,物理的方法或植物育种替代方法和/或有效管理技术可用于防治这类有害生物或特殊病害。

· 该物质(活性化合物)源自植物、动物、微生物或矿物，并可经过以下处理：

物理处理

酶处理

微生物处理

· 该物质的使用应不会导致或产生对环境的不能接受的影响或环境污染。

· 如果某物质的天然形态数量不足，可考虑使用与该自然物质的性质相同的化学合成物质，如化学合成的外激素(性诱剂)，但前提是其使用不会直接或间接造成环境或产品污染。

前言

必须定期对外部投入的物质进行评价，并将这些物质与可替代品进行比较。这种定期评价应能促使有机生产对人类、动物以及环境和生态系统越来越有益。

以下是用以评估有机农业系统中使用的外部投入物质的准则。

C.1. 必要性

只有在必要的情况下才能使用某种投入物质。投入某物质的必要性可从产量、产品质量、环境安全性、生态保护、景观、人类和动物的生存条件等方面进行评估。

某投入物质的使用可限制于：

· 特种农作物(尤其是多年生农作物)

· 特殊区域

· 可使用该投入物质的特殊条件

C.2. 性质和生产方法

性质

投入物质的来源一般应来源于(按先后选用顺序):

- 有机物(植物、动物、微生物)
- 矿物

可以使用等同于天然产品的化学合成物质。

在可能的情况下,应优先选择使用可再生的投入物质,其次应选择矿物源的投入物质,而第三选择是化学性质等同天然产品的投入物质。在允许使用化学性质等同的投入物质时需要考虑其在生态上、技术上或经济上的理由。

生产方法

投入物质的配料可以经过以下处理:

- 机械处理
- 物理处理
- 酶处理
- 微生物作用处理
- 化学处理(作为例外并受限制)

采集

构成投入物质的原材料采集不得影响自然生境的稳定性,也不得影响采集区内任何物种的生存。

C.3. 环境

环境安全性

投入物质不得危害环境或对环境产生持续的负面影响。投入物质也不应造成对地面水、地下水、空气或土壤的不可接受的污染。必须对这些物质的加工、使用和分解过程的所有阶段进行评价。

必须考虑投入物质的以下特性:

可降解性

所有投入物质必须可降解为 $CO_2 \cdot H_2O$ 和/或其矿物形态。

对非靶生物有高急性毒性的投入物质的半衰期最多不能超过 5 天。

对作为投入的无毒天然物质没有规定的降解时限要求。

对非靶生物的急性毒性

当投入物质对非靶生物有较高急性毒性时，需要限制其使用。必须采取措施保证这些非靶生物的生存。可规定最大允许使用量。如果无法采取可以保证非靶生物生存的措施，则不得使用该投入物质。

长期慢性毒性

不得使用会在生物或生物系统中蓄积的投入物质，也不得使用已经知道有或怀疑有诱变性或致癌性的投入物质。如果投入这些物质会产生危险，必须采取足以使这些危险降至可接受水平和防止长时间持续负面环境影响的措施。

化学合成产品和重金属

投入物质中不应含有致害量的化学合成物质（异生化制品）。仅在其性质完全与自然界的产品相同时，才可允许使用化学合成的产品。

投入的矿物质中的重金属含量应尽可能地少。由于缺乏代用品以及在有机农业中已经被长期、传统地使用，铜和铜盐目前尚是一个例外。但任何形态的铜在有机农业中的使用必须视为临时性允许使用，并且就其环境影响而言，必须限制使用。

C. 4. 人体健康和质量

人体健康

投入物质必须对人体健康无害。必须考虑投入物质在加工、使用和降解过程中的所有阶段的情况，必须采取降低投入物质使用危险的措施，并制定投入物质在有机农业中使用的标准。

产品质量

投入物质对产品质量（如味道、保质期和外观质量等）不得有负面影响。

C.5. 伦理方面-----动物生存条件

投入物质对农场饲养的动物的自然行为或机体功能不得有负面影响。

C.6. 社会经济方面

消费者的感官：投入的物质不应造成有机产品的消费者对有机产品的抵触或反感。消费者可能会认为某投入物质对环境或人体健康是不安全的，尽管这在科学上可能尚未得到证实。投入物质的问题（例如基因工程问题）不应干扰人们对天然或有机产品的总体感觉或看法。

附录 D 允许和限制使用的畜禽饲料添加剂

（该表略）

附录 E 允许在畜禽饲养场所使用的清洁剂和消毒剂

（该表略）

附录 F 食品加工中允许使用的非农业源配料

（该表略）

附录 G 食品加工中允许使用的加工助剂

（该表略）

附录 H 评估有机食品添加剂和加工助剂的准则

（略）

附录2 《无公害农产品管理办法》

中华人民共和国农业部、中华人民共和国国家质量监督检验检疫总局第12号令

第一章 总 则

第一条 为加强对无公害农产品的管理,维护消费者权益,提高农产品质量,保护农业生态环境,促进农业可持续发展,制定本办法。

第二条 本办法所称无公害农产品,是指产地环境、生产过程和产品质量符合国家有关标准和规范的要求,经认证合格获得认证证书并允许使用无公害农产品标志的未经加工或者初加工的食用农产品。

第三条 无公害农产品管理工作,由政府推动,并实行产地认定和产品认证的工作模式。

第四条 在中华人民共和国境内从事无公害农产品生产、产地认定、产品认证和监督管理等活动,适用本办法。

第五条 全国无公害农产品的管理及质量监督工作,由农业部门、国家质量监督检验检疫部门和国家认证认可监督管理委员会按照"三定"方案赋予的职责和国务院的有关规定,分工负责,共同做好工作。

第六条 各级农业行政主管部门和质量监督检验检疫部

门应当在政策、资金、技术等方面扶持无公害农产品的发展，组织无公害农产品新技术的研究、开发和推广。

第七条 国家鼓励生产单位和个人申请无公害农产品产地认定和产品认证。

实施无公害农产品认证的产品范围由农业部、国家认证认可监督管理委员会共同确定、调整。

第八条 国家适时推行强制性无公害农产品认证制度。

第二章 产地条件与生产管理

第九条 无公害农产品产地应当符合下列条件：

（一）产地环境符合无公害农产品产地环境的标准要求；

（二）区域范围明确；

（三）具备一定的生产规模。

第十条 无公害农产品的生产管理应当符合下列条件：

（一）生产过程符合无公害农产品生产技术的标准要求；

（二）有相应的专业技术和管理人员；

（三）有完善的质量控制措施，并有完整的生产和销售记录档案。

第十一条 从事无公害农产品生产的单位或者个人，应当严格按规定使用农业投入品。禁止使用国家禁用、淘汰的农业投入品。

第十二条 无公害农产品产地应当树立标示牌，标明范围、产品品种、责任人。

第三章 产地认定

第十三条 省级农业行政主管部门根据本办法的规定负责组织实施本辖区内无公害农产品产地的认定工作。

第十四条　申请无公害农产品产地认定的单位或者个人（以下简称申请人），应当向县级农业行政主管部门提交书面申请，书面申请应当包括以下内容：

（一）申请人的姓名（名称）、地址、电话号码；

（二）产地的区域范围、生产规模；

（三）无公害农产品生产计划；

（四）产地环境说明；

（五）无公害农产品质量控制措施；

（六）有关专业技术和管理人员的资质证明材料；

（七）保证执行无公害农产品标准和规范的声明；

（八）其他有关材料。

第十五条　县级农业行政主管部门自收到申请之日起，在10个工作日内完成对申请材料的初审工作。

申请材料初审不符合要求的，应当书面通知申请人。

第十六条　申请材料初审符合要求的，县级农业行政主管部门应当逐级将推荐意见和有关材料上报省级农业行政主管部门。

第十七条　省级农业行政主管部门自收到推荐意见和有关材料之日起，在10个工作日内完成对有关材料的审核工作，符合要求的，组织有关人员对产地环境、区域范围、生产规模、质量控制措施、生产计划等进行现场检查。

现场检查不符合要求的，应当书面通知申请人。

第十八条　现场检查符合要求的，应当通知申请人委托具有资质资格的检测机构，对产地环境进行检测。

承担产地环境检测任务的机构，根据检测结果出具产地环境检测报告。

第十九条　省级农业行政主管部门对材料审核、现场检查和产地环境检测结果符合要求的,应当自收到现场检查报告和产地环境检测报告之日起,30 个工作日内颁发无公害农产品产地认定证书,并报农业部和国家认证认可监督管理委员会备案。

不符合要求的,应当书面通知申请人。

第二十条　无公害农产品产地认定证书有效期为 3 年。期满需要继续使用的,应当在有效期满 90 日前按照本办法规定的无公害农产品产地认定程序,重新办理。

第四章　无公害农产品认证

第二十一条　无公害农产品的认证机构,由国家认证认可监督管理委员会审批,并获得国家认证认可监督管理委员会授权的认可机构的资格认可后,方可从事无公害农产品认证活动。

第二十二条　申请无公害产品认证的单位或者个人(以下简称申请人),应当向认证机构提交书面申请,书面申请应当包括以下内容:

(一) 申请人的姓名(名称)、地址、电话号码;

(二) 产品品种、产地的区域范围和生产规模;

(三) 无公害农产品生产计划;

(四) 产地环境说明;

(五) 无公害农产品质量控制措施;

(六) 有关专业技术和管理人员的资质证明材料;

(七) 保证执行无公害农产品标准和规范的声明;

(八) 无公害农产品产地认定证书;

(九) 生产过程记录档案;

(十) 认证机构要求提交的其他材料。

第二十三条　认证机构自收到无公害农产品认证申请之日起，应当在 15 个工作日内完成对申请材料的审核。

材料审核不符合要求的，应当书面通知申请人。

第二十四条　符合要求的，认证机构可以根据需要派员对产地环境、区域范围、生产规模、质量控制措施、生产计划、标准和规范的执行情况等进行现场检查。

现场检查不符合要求的，应当书面通知申请人。

第二十五条　材料审核符合要求的、或者材料审核和现场检查符合要求的（限于需要对现场进行检查时），认证机构应当通知申请人委托具有资质资格的检测机构对产品进行检测。

承担产品检测任务的机构，根据检测结果出具产品检测报告。

第二十六条　认证机构对材料审核、现场检查（限于需要对现场进行检查时）和产品检测结果符合要求的，应当在自收到现场检查报告和产品检测报告之日起，30 个工作日内颁发无公害产品认证证书。

不符合要求的，应当书面通知申请人。

第二十七条　认证机构应当自颁发无公害农产品认证证书后 30 个工作日内，将其颁发的认证证书副本同时报农业部和国家认证认可监督管理委员会备案，由农业部和国家认证认可监督管理委员会公告。

第二十八条　无公害农产品认证证书有效期为 3 年。期满需要继续使用的，应当在有效期满 90 日前按照本办法规定的无公害农产品认证程序，重新办理。

在有效期内生产无公害农产品认证证书以外的产品品种的，应当向原无公害农产品认证机构办理认证证书的变更手续。

第二十九条　无公害农产品产地认定证书、产品认证证书格式由农业部、国家认证认可监督管理委员会规定。

第五章　标志管理

第三十条　农业部和国家认证认可监督管理委员会制定并发布《无公害农产品标志管理办法》。

第三十一条　无公害农产品标志应当在认证品种、数量等范围内使用。

第三十二条　获得无公害农产品认证证书的单位或者个人，可以在证书规定的产品、包装、标签、广告、说明书上使用无公害农产品标志。

第六章　监督管理

第三十三条　农业部、国家质量监督检验检疫总局、国家认证认可监督管理委员会和国务院有关部门根据职责分工依法组织对无公害农产品的生产、销售和无公害农产品标志使用等活动进行监督管理。

（一）查阅或者要求生产者、销售者提供有关材料；

（二）对无公害农产品产地认定工作进行监督；

（三）对无公害农产品认证机构的认证工作进行监督；

（四）对无公害农产品的检验机构的检测工作进行检查；

（五）对使用无公害农产品标志的产品进行检查、检验和鉴定；

（六）必要时对无公害农产品经营场所进行检查。

第三十四条　认证机构对获得认证的产品进行跟踪检查，受理有关的投诉、申诉工作。

第三十五条　任何单位和个人不得伪造、冒用、转让、买卖无公害农产品产地认定证书、产品认证证书和标志。

第七章　罚　则

第三十六条　获得无公害农产品产地认定证书的单位或者个人违反本办法,有下列情形之一的,由省级农业行政主管部门予以警告,并责令限期改正;逾期未改正的撤销其无公害农产品产地认定证书。

（一）无公害农产品产地被污染或者产地环境达不到标准要求的;

（二）无公害农产品产地使用的农业投入品不符合无公害农产品相关标准要求的;

（三）擅自扩大无公害农产品产地范围的。

第三十七条　违反本办法第三十五条规定的,由县级以上农业行政主管部门和各地质量监督检验检疫部门根据各自的职责分工责令其停止,并可处以违法所得 1 倍以上 3 倍以下的罚款,但最高罚款不得超过 3 万元;没有违法所得的,可以处 1 万元以下的罚款。

第三十八条　获得无公害农产品认证并加贴标志的产品,经检查、检测、鉴定,不符合无公害农产品质量标准要求的,由县级以上农业行政主管部门或者各地质量监督检验检疫部门责令停止使用无公害农产品标志,由认证机构暂停或者撤销认证证书。

第三十九条　从事无公害农产品管理的工作人员滥用职权、徇私舞弊、玩忽职守的,由所在单位或者所在单位的上级行政主管部门给予行政处分;构成犯罪的,依法追究刑事责任。

第八章　附　则

第四十条　从事无公害农产品的产地认定的部门和产品认证的机构不得收取费用。

检测机构的检测、无公害农产品标志按国家规定收取费用。

第四十一条　本办法由农业部、国家质量监督检验检疫总局和国家认证认可监督管理委员会负责解释。

第四十二条　本办法自发布之日起施行。

附录3 NY 5010—2001 无公害食品蔬菜产地环境条件

前 言

本标准由中华人民共和国农业部提出。

本标准起草单位：农业部环境质量监督检验测试中心（天津）。

本标准主要起草人：刘凤枝、高怀友、周其文、郑向群、刘潇威。

1. 范围

本标准规定了无公害蔬菜产地和环境条件的定义、产地选择要求、环境空气质量、灌溉水质量、土壤环境质量的各个项目及其浓度（含量）限值和试验方法。

本标准适用于陆生无公害蔬菜产地，水生无公害蔬菜可参照执行。

2. 规范性引用文件

下列文件中的条款通过本标准的引用而成为本标准的条款。凡是注日期的引用文件，其随后所有的修改单（不包括勘误的内容）或修订版均不适用于本标准，然而，鼓励根据本标准达成协议的各方研究是否可使用这些文件的最新版本。凡是不注日期的引用文件，其最新版本适用于本标准。

GB 3095　环境空气质标准

GB 5084　农田灌溉水质标准

GB/T 5750　生活饮用水标准检验法

GB/T 6092　水质　pH 的测定　玻璃电极法

GB/T 7467　水质　六价铬的测定　二苯碳酰二肼分光光度法

GB/T 7468　水质　总汞的测定　冷原子吸收分光光度法

GB/T 7475　水质　铜、锌、铅、镉的测定　原子吸收分光光度法

GB/T 7484　水质　氟化物的测定　离子选择电极法

GB/T 7485　水质　总砷的测定　二乙基二硫代氨基甲酸银分光光度法

GB/T 7487　水质　氰化物的测定　第二部分：氰化物的测定

GB/T 8170　数值修约规则

GB/T 11914　水质　化学需氧量的测定　重铬酸盐法

GB/T 15262　环境空气　二氧化硫的测定　甲醛吸收—副玫瑰苯胺分光光度法

GB/T 15432　环境空气　总悬浮颗粒物的测定　重量法

GB/T 15433　环境空气　氟化物的测定　石灰滤纸·氟离子选择电极法

GB/T 15434　环境空气　氟化物的测定　滤膜·氟离子选择电极法

GB/T 15435　环境空气　二氧化氮的测定　Saltzman 法

GB 15618　土壤环境质量标准

GB/T 16488　水质　石油类和动植物油的测定　红外

光度法

GB/T 17134 土壤质量 总砷的测定 二乙基二硫代氨基甲酸银分光光度法

GB/T 17136 土壤质量 总汞的测定 冷原子吸收分光光度法

GB/T 17137 土壤质量 总铬的测定 火焰原子吸收分光光度法

GB/T 17138 土壤质量 铜、锌的测定 火焰原子吸收分光光度法

GB/T 17141 土壤质量 铅、镉的测定 石墨炉原子吸收分光光度法

NY/T 395 农田土壤环境质量监测技术规范

NY/T 396 农用水源环境质量监测技术规范

NY/T 397 农区环境空气质量监测技术规范

3. 术语和定义

下列术语和定义适用于本标准

3.1 蔬菜产地

具有一定面积和生产能力的栽培蔬菜的土地。

3.2 环境条件

影响蔬菜生长和质量的空气、灌溉水、土壤等自然条件。

4. 要求

4.1 产地选择

无公害蔬菜产地应选择在生态条件良好、远离污染源，并具有可持续生产能力的农业生产区域。

4.2 环境空气质量

无公害蔬菜产地环境空气质量应符合表1的规定。

4.3 灌溉水质量

无公害蔬菜产地灌溉水质应符合表2的规定。

表 1 环境空气质量指标

项　目	浓　度　限　值	
	日 平 均	1 小时平均
总悬浮颗粒物(标准状态),毫克/米³ ≤	0.30	—
二氧化硫(标准状态),毫克/米³ ≤	0.15	0.50
二氧化氮(标准状态),毫克/米³ ≤	0.12	0.24
氟化物(标准状态) ≤	7 微克/米³	20 微克/米³
	1.8 微克/(分米²·天)	—

注：1. 日平均指任何 1 日的平均浓度
　　2. 1 小时平均指任何 1 小时的平均浓度

表 2 灌溉水质量指标

项　目	浓　度　限　值
pH 值	5.5～8.5
化学需氧量,毫克/升 ≤	150
总汞,毫克/升 ≤	0.001
总镉,毫克/升 ≤	0.005
总砷,毫克/升 ≤	0.05
总铅,毫克/升 ≤	0.10
铬(六价),毫克/升 ≤	0.10
氟化物,毫克/升 ≤	2.0
氰化物,毫克/升 ≤	0.50
石油类,毫克/升 ≤	1.0
粪大肠菌群,个/升 ≤	10000

4.4 土壤环境质量

无公害蔬菜产地土壤环境质量应符合表 3 的规定。

表 3 土壤环境质量指标

项　　目	含　量　限　值		
	pH＜6.5	pH6.5～7.5	pH＞7.5
镉　毫克/千克　≤	0.3	0.30	0.60
汞　毫克/千克　≤	0.3	0.50	1.0
砷　毫克/千克　≤	40	30	25
铅　毫克/千克　≤	250	300	350
铬　毫克/千克　≤	150	200	250
铜　毫克/千克　≤	50	100	100

注：以上项目均按元素量计，适用于阳离子交换量＞5 厘摩（＋）/千克的土壤，若≤5 厘摩（＋）/千克，其标准值为表内数值的半数

5. 试验方法

5.1　空气环境质量监测

5.1.1　总悬浮颗粒物的测定按照 GB/T 15432 执行。

5.1.2　二氧化硫的测定按照 GB/T 15262 执行。

5.1.3　二氧化氮的测定按照 GB/T 15435 执行。

5.1.4　氟化物的测定按照 GB/T 15433 或 GB/T 15434 执行。

5.2　灌溉水质监测

5.2.1　pH 值的测定按照 GB/T 6920 执行。

5.2.2　化学需氧量的测定按照 GB/T1 1914 执行。

5.2.3　总汞的测定按照 GB/T 7468 执行。

5.2.4　总砷的测定按照 GB/T 7485 执行。

5.2.5　铅、镉的测定按照 GB/T 7475 执行。

5.2.6　六价铬的测定按照 GB/T 7467 执行。

5.2.7 氰化物的测定按照 GB/T 7487 执行。

5.2.8 氟化物的测定按照 GB/T 7484 执行。

5.2.9 石油类的测定按照 GB/T 16488 执行。

5.2.10 粪大肠菌群的测定按照 GB/T 5750 执行。

5.3 土壤环境质量监测

5.3.1 铅、镉的测定按照 GB/T 17141 执行。

5.3.2 汞的测定按照 GB/T 17136 执行。

5.3.3 砷的测定按照 GB/T 17134 执行。

5.3.4 铬的测定按照 GB/T 17137 执行。

5.3.5 铜的测定按照 GB/T 17138 执行。

6 检验规则

6.1 产地环境

无公害蔬菜产地必须符合无公害蔬菜产地环境条件要求。

6.2 无公害蔬菜产地环境质量监测采样方法

6.2.1 环境空气质量监测的采样方法按照 NY/T 397 执行。

6.2.2 灌溉水质量监测的采样方法按照 NY/T 396 执行。

6.2.3 土壤环境质量监测的采样方法按照 NY/T 395 执行。

6.3 检验结果的数值修约

按照 GB/T 8170 执行。

附录4　无公害农产品（食品）
江苏省地方标准

江苏省农林厅编印
（1999-12-10 实施）
（摘录有关蔬菜标准部分）

一、产地环境要求（DB 32/T 343.1—1999）

1. 范围

本标准规定了无公害农产品（食品）产地环境要求和检测方法。

本标准适用于无公害农产品（食品）的生产地。

2.　引用标准

下列标准包含的条文，通过在本标准中引用而构成为本标准的条文。在标准出版时，所示版本均为有效。所有标准都会被修订，使用本标准的各方都应探讨使用下列标准最新版本的可能性。

GB 5750—1985　生活饮用水标准检测法

GB 6920—1986　水质 pH 值的测定　玻璃电极法

GB 7467—1987　水质六价铬的测定　二苯碳酰二肼分光光度法

GB 7468—1987　水质　总汞的测定　冷原子吸收分光光度法

GB 7475—1987　水质　铜、锌、铅、镉的测定　原子吸收分光光度法

GB 7482—1987　水质　氟化物的测定　茜素磺酸锆目视比色法

GB 7484—1987　水质　氟化物的测定　离子选择电极法

GB 7485—1987　水质　总砷的测定　二乙基二硫代氨基甲酸银分光光度法

GB 7486—1987　水质　氰化物的测定　第一部分　总氰化物的测定

GB 7487—1987　水质　氰化物的测定　第二部分　氰化物的测定

GB 7488—1987　水质　五日生化需氧量（BOD5）的测定　稀释与接种法

GB 7489—1987　水质　溶解氧的测定　碘量法

GB 11891—1989　水质　凯氏氮的测定

GB 11893—1989　水质　总磷的测定　钼酸铵分光光度法

GB 11896—1989　水质　氯化物的测定　硝酸银滴定法

GB 11914—1989　水质　化学需氧量的测定　重铬酸盐法

GB 13192—1991　水质　有机磷农药的测定　气相色谱法

GB/T 14550—1993　土壤质量　六六六和滴滴涕的测定　气相色谱法

GB/T 15262—1994　环境空气　二氧化硫的测定　甲

醛吸收——副玫瑰苯胺分光光度法

GB/T 15264—1994　环境空气　铅的测定　火焰原子吸收分光光度法

GB/T 15432—1995　环境空气　总悬浮颗粒物的测定　重量法

GB/T 15433—1995　环境空气　氟化物的测定　石灰滤纸——氟离子选择电极法

GB/T 15434—1995　环境空气　氟化物质量浓度的测定　滤膜氟离子选择电极法

GB/T 15436—1995　环境空气　氮氧化物的测定 Salfz-man 法

GB/T 15618—1995　土壤　土壤环境质量标准

3　定义

本标准采用下列定义。

无公害农产品(食品)　是指把有害有毒物质控制在安全允许范围内的农、林、牧、渔产品及其加工产品。

4　要求

4.1　农田灌溉水质量指标　见表 1。

表 1　农田灌溉水质量指标　（mg/L）

项　目		指　标		
		水　作	旱　作	蔬　菜
氯化物	≤	250		
氰化物	≤	0.5		
氟化物	≤	3.0		
总　铜	≤	1.0		
总　锌	≤	2.0		

项 目		指 标		
		水 作	旱 作	蔬 菜
总 汞	≤	0.001		
总 铅	≤	0.1		
总 镉	≤	0.005		
铬(六价)	≤	0.1		
生化需氧量(BOD$_5$)	≤	80	150	80
化学需氧量(COD$_{cr}$)	≤	200	300	150
凯氏氮	≤	12	30	
总磷(以 P 计)	≤	5.0	10	
总 砷	≤	0.05	0.1	0.05
pH 值		5.5～8.5		

　*　在沿海地区,氯化物指标允许根据地方水域背景值特征作适当调整

4.2　淡水渔业水质量指标
（略）

4.3　畜禽饮用水质量指标
（略）

4.4　加工水质量指标
（略）

4.5　土壤环境质量指标　见表2

表 2 土壤环境质量指标 （mg/kg）

项　目			指　标		
			pH＜6.5	pH6.5～7.5	pH＞7.5
汞		≤	0.3	0.50	1.0
砷	水　田	≤	30	25	20
	旱　地	≤	40	30	25
铅		≤	250	300	350
镉		≤	0.30		0.60
铬	水　田	≤	250	300	350
	旱　地	≤	150	200	250
铜	农　田	≤	50	100	
	果　园	≤	150	200	
六六六		≤	0.50		
滴滴涕		≤			

4.6 大气环境质量指标 见表 3。

表 3 大气环境质量指标

项　目	日平均浓度	1 小时平均浓度	季平均浓度	农作物种类
总悬浮颗粒物,mg/m³ ≤	0.30			
二氧化硫,mg/m³ ≤	0.15	0.50		
氮氧化物,mg/m³ ≤	0.10	0.15		

项　目	日平均浓度	1小时平均浓度	季平均浓度	农作物种类
氟化物 μg/(dm²,d) ≤	5.0			葡萄、苹果、草莓、花生、甘蓝、菜豆、冬小麦等敏感作物。
	10.0			大麦、小稻、玉米、高粱、大豆、白菜、芥菜、花椰菜、柑橘等敏感作物。
铅,mg/m³ ≤			1.50	

5　检验方法

5.1　农田灌溉水质量检测

5.1.1　氯化物的测定　按照 GB 11896—1989 进行。

5.1.2　氰化物的测定　按照 GB 7486—1987、GB 7487—1987 进行。

5.1.3　氟化物的测定　按照 GB 7482—1987、GB 7484—1987 进行。

5.1.4　总铜的测定　按照 GB 7475—1987 进行。

5.1.5　总锌的测定　按照 GB 7475—1987 进行。

5.1.6　总汞的测定　按照 GB 7468—1987 进行。

5.1.7　总铅的测定　按照 GB 7475—1987 进行。

5.1.8　总镉的测定　按照 GB 7475—1987 进行。

5.1.9　六价铬的测定　按照 GB 7467—1987 进行。

5.1.10　生化需氧量(BOD_5)的测定　按照 GB 7488—1987 进行。

5.1.11　化学需氧量(COD_{cr})的测定　按照 GB 11914—

1989 进行。

5.1.12 凯氏氮的测定　按照 GB 11891—1989 进行。

5.1.13 总磷的测定　按照 GB 11893—1989 进行。

5.1.14 总砷的测定　按照 GB 7485—1987 进行。

5.1.15 pH 值的测定　按照 GB 6920—1986 进行。

5.2 **淡水渔业水质量检测**

（略）

5.3 **畜禽饮用水质量检测**

（略）

5.4 **加工水质量检测**

（略）

5.5 **土壤环境质量检测**

5.5.1 汞的测定　按照 GB 15618—1995 进行。

5.5.2 砷的测定　按照 GB 15618—1995 进行。

5.5.3 铅的测定　按照 GB 15618—1995 进行。

5.5.4 镉的测定　按照 GB 15618—1995 进行。

5.5.5 铬的测定　按照 GB 15618—1995 进行。

5.5.6 铜的测定　按照 GB 15618—1995 进行。

5.5.7 六六六的测定　按照 GB/T 14550—1993 进行。

5.5.8 滴滴涕的测定　按照 GB/T 14550—1993 进行。

5.6 **大气环境质量检测**

5.6.1 总悬浮颗粒物的测定　按照 GB/T 15432—1995 进行。

5.6.2 二氧化硫的测定　按照 GB/T 15262—1994 进

行。

5.6.3 氮氧化物的测定　按照 GB/T 15436—1995 进行。

5.6.4 氟化物的测定　按照 GB/T 15433—1995、GB/T 15434—1995 进行。

5.6.5 铅的测定　按照 GB/T 15264—1994 进行。

二、生产技术规范（DB 32/T 343.2—1999）

1. 范围

本标准规定了无公害农产品（食品）生产技术的产地环境要求、农药使用准则、肥料使用准则、饲料使用准则、兽药使用准则、加工过程质量控制和包装要求。

本标准适用于无公害农产品（食品）的生产和加工。

2. 引用标准

下列标准包含的条文，通过在本标准中引用而构成为本标准的条文。在标准出版时，所示版本均为有效。所有标准都会被修订，使用本标准的各方应使用下列标准最新版本。

GB 9687—1988　食品包装用聚乙烯成型品卫生标准。

GB 9693—1988　食品包装用聚丙烯树脂卫生标准

GB 11680—1989　食品包装用原纸卫生标准

GB 11607—1989　渔业水质标准

GB 13078—1991　饲料卫生标准

DB 32/T 343.1—1999　无公害农产品（食品）产地环境要求

3 产地环境要求

应符合 DB 32/T 343.1—1999 的规定。

4 农药使用准则

无公害农产品（食品）生产过程中对病、虫、草、鼠、螺等有害生物的防治，坚持预防为主，综合防治的原则，严格控制使用化学农药。

4.1 提倡生物防治和使用生物生化农药防治。

4.2 应使用高效、低毒、低残留农药。

4.3 使用的农药应"三证"（农药登记证、农药生产许可证、执行标准号）齐全。

4.4 每种有机合成农药在一种作物的生长期内避免重复使用。

4.5 应选用表1、表2、表3中列出的低毒农药或少量中等毒性农药，如需使用表中未列出的农药新品种，须报经省无公害农产品（食品）管理部门审批。

4.6 生产无公害农产品（食品）可限制性使用的化学农药杀虫剂见表4。

表4 无公害农产品（食品）常用农药（杀虫剂）

农药名称	剂 型	常用药量（g/次·亩）或 ml/次·亩或稀释倍数	施药方法	最后一次施药离收获的天数（安全间隔期）
氟虫脲 cascade	5%乳油	25～27ml	喷雾	30
乐果 dimethoate	40%乳油	100～125ml（高粱、小麦、水稻）	喷雾	10
		50ml，2000 倍（蔬菜）		
		50ml，1500 倍（苹果、柑橘）		15
		2000～3000 倍（茶叶）		7

续表 4

农药名称	剂 型	常用药量(g/次·亩)或 ml/次·亩或稀释倍数	施药方法	最后一次施药离收获的天数(安全间隔期)
敌百虫 trichlorfon	90%固体	100g	喷雾	7
		50g,2000 倍(蔬菜)		
		1000 倍(柑橘)		20
敌敌畏 dichlorvos	80%乳油	150ml,1500 倍(茶叶)	喷雾	6
		100ml,1000～2000 倍(蔬菜)		5(冬季 7)
辛硫磷 Phoxim	50%乳油	0.1～0.2 种子量	拌种	小麦、玉米拌种使用
		50ml,2000 倍	喷雾	3
		100ml,1500 倍		7
		200ml,1000 倍(茶叶)		5
喹硫磷 prothiophos	50%乳油	150ml,(水稻)	喷雾	14
		1000 倍(茶叶)		
		1000 倍(柑橘)		28
		60ml(叶菜)		10
托尔克 fenbutatlin-oxide	50%可湿性粉剂	20g(番茄)	喷雾	7
		3000 倍(柑橘)		21
甲氰菊酯* fenpropathrin	20%乳油	25ml(叶菜)	喷雾	3
		3000 倍(苹果)		30
溴氰菊酯* deltamethin	2.5%乳油	20ml(叶菜)	喷雾	2
		2500 倍(苹果)		5
		1500 倍(茶叶)		

农药名称	剂型	常用药量(g/次·亩)或 ml/次·亩或稀释倍数	施药方法	最后一次施药离收获的天数(安全间隔期)
氯氟氰菊酯* cyhalothrin	2.5%乳油	25ml(叶菜)	喷雾	7
		6000 倍(柑橘)		21
		1000 倍(茶叶)		5
毒死蜱 chlorpyrifos	40.7 乳油	50ml(叶菜)	喷雾	7
杀虫双 busultap	25%水剂	250g(水稻)	喷雾	15
杀螟丹 cartap	50%可溶性粉剂	1000 倍(茶叶)	喷雾	7
		75g(水稻)		21
	98%原粉	2000 倍(茶叶)		7
氰戊菊酯* fenvalerate	20%乳油	15～25ml(叶菜)	喷雾	夏菜 5,秋菜 12
		10～40ml(大豆)		10
		4000 倍(苹果)		14
		8000 倍(茶叶)		10
氯氰菊酯* cypermethrin	25%乳油	12ml(叶菜)	喷雾	3
		5000 倍(苹果)		21
扑虱灵 buprofezin	25%可湿性粉剂	25g(水稻)	喷雾	14
除虫脲 diflubenzuron	20%可湿性粉剂	2000 倍(苹果)	喷雾	21
	25%可湿性粉剂	10g(小麦)		21

农药名称	剂型	常用药量(g/次·亩)或 ml/次·亩或稀释倍数	施药方法	最后一次施药离收获的天数(安全间隔期)
灭幼脲 chlorbenzuron	25%悬浮剂	35ml(小麦)	喷雾	15
克螨特 propargite	73%乳油	3000倍(苹果)	喷雾	30
尼索朗 hexythiazox	5%乳油	2000倍(柑橘)	喷雾	30
抑太保 chlorfluazuron	5%乳油	1000倍(甘蓝)	喷雾	7
抗蚜威 pirimicarb	50%水分散粒剂	10~18g(蔬菜)	喷雾	10
		6~8g(粮食、油料)		
杀虫单 molosultap	3.6%颗粒剂	3000g(水稻)	撒施	30
吡虫啉 imidacloprid	10%可湿性粉剂	50g(水稻、小麦)	喷雾	14
三唑磷 triazophos	20%乳油	100ml,1000倍(水稻、蔬菜)	喷雾	14
氯唑磷 isazofos	3%颗粒剂	1000g(水稻)	拌土撒施	14
啶虫脒 acetaniprid	3%乳油	40ml(黄瓜)	喷雾	15
		2000倍(苹果、柑橘)		20

注：* 菊酯类农药不得在水稻田中使用。

4.7 生产无公害农产品(食品)限制性使用的化学农药杀菌剂及植物生长调节剂见表 5。

表5 无公害农产品（食品）常用农药
（杀菌剂及植物生长调节剂）

农药名称	剂型	常用药量(g/次·亩) 或 ml/次·亩 或稀释倍数	施药 方法	最后一次施药 离收获的天数 （安全间隔期）
百菌清 chlorothal- onil	75%可湿 性粉剂	145g(番茄)	喷雾	7
		100g(水稻)		10
		105g(大豆)		14
		100g、600倍(苹果、葡萄)		21
		100g、500倍(梨)		25
甲基硫菌灵 thiophanate- methyl	50%悬浮 剂 70%可湿 性粉剂	100ml(水稻) 100g(水稻) 70g(小麦)	喷雾	30
稻瘟灵 isoprothiol- ane	40%乳油	70g(水稻)	喷雾	早稻14 晚稻28
稻瘟净 EBP	40%乳油	125ml(水稻)	喷雾	10
多菌灵 carbendazim	50%可湿 性粉剂	50g(水稻)	喷雾	30
		75~100g(小麦)		20
	25%可湿 性粉剂	50g、1000倍(黄瓜)		7
三环唑 tvicyclazole	75%可湿 性粉剂	20g(水稻)	喷雾	21
粉锈宁(三唑 酮) tvicyclazole	25%可湿 性粉剂	35g(小麦)	喷雾	20
氢氧化铜 copperhydr- oxide	77%可湿 性粉剂	134~200g(番茄)	喷雾	10
		400~600倍(柑橘)		30

农药名称	剂型	常用药量(g/次·亩)或 ml/次·亩或稀释倍数	施药方法	最后一次施药离收获的天数(安全间隔期)
福美双 thiram	50%可湿性粉剂	800倍(油菜、黄瓜、葡萄)	喷雾	7
代森铵 amobam	45%水剂	1200倍	喷雾	15
代森锰锌 mancozeb	70%可湿性粉剂	175g(番茄)	喷雾	10
杀毒矾 mancozeb	64%可湿性粉剂	1000倍	喷雾	3
瑞毒霉(甲霜灵) metalaxyl	58%可湿性粉剂	75g(黄瓜)	喷雾	1
	25%可湿性粉剂	1000倍		1
噻菌灵 thiabendazole	45%悬浮剂	30g(苹果、草莓)	喷雾	
		900倍(柑橘)	浸果3～5 min	
井冈霉素	5%水剂(水溶性粉剂)	100～150ml	喷雾	14
春雷霉素 kasugamycin	2%液剂	75ml(水稻)	喷雾	14
多效唑 paclobutrazol	15%可湿性粉剂	70g(对水100千克)(水稻)	喷雾	1叶1心期
		40g(加水100千克)6.7株		花生始花后25～30天

农药名称	剂型	常用药量(g/次·亩)或 ml/次·亩或稀释倍数	施药方法	最后一次施药离收获的天数(安全间隔期)
赤霉素 gibberellica-cid	85%结晶粉 4%乳油	50～100(mg/L)(黄瓜)	喷花	
		10～50(mg/L)(茄子)	喷叶	开花时一次
		10～50(mg/L)(番茄)	喷花	开花时一次
		10～20(mg/L)(菠菜)	喷叶	开花期一次
		20(mg/L)(生菜)	喷叶	
		5～15(mg/L)(柑橘)	喷果	14～15叶期 绿果期
		10～20(mg/L)(玉米)	喷雾	
		10～20(mg/L)(花生)	喷雾	

4.8 生产无公害农产品(食品)限制性使用的化学农药除草剂见表6。

表6 无公害农产品(食品)常用农药(除草剂)

农药名称	剂型	常用药量(g/次·亩)或 ml/次·亩或稀释倍数	施药方法	最后一次施药离收获的天数(安全间隔期)
丁草胺 butachlor	60%乳油	85(水稻)	喷雾	水稻插秧前2～3天或插秧后4～5天
	5%颗粒剂	1000(水稻)	毒土	
快杀稗 facet	50%可湿性粉剂	26～55g	喷雾	插秧后5～20天
苄嘧磺隆(农得时) bensulfuron	10%可湿性粉剂	13～25g(水稻)	喷雾或毒土	插秧后5～7天施药,保水一周

农药名称	剂型	常用药量(g/次·亩)或 ml/次·亩或稀释倍数	施药方法	最后一次施药离收获的天数(安全间隔期)
百草枯 paraquat	20%水剂	200ml(柑橘)	喷雾	杂草生长旺盛时,低压喷雾,避免喷到橘树上
精稳杀得 fulazifop-pbulyl	15%乳油	50ml(大豆、花生)	喷雾	作物苗期杂草3～5叶期施一次
异丙甲草胺 (都 尔) mctotachlor	72%乳油	100ml	土壤处理	播前或播后苗前土壤喷雾
草甘膦 glyphosate	12%水剂	30g(柑橘)	喷雾	杂草转入旺盛生长期用药
甲草胺 alachor	48%乳油	150ml 200ml(玉米)	土壤喷雾	播种后芽前喷施
稀禾定 sethoxydim	12.5%机油乳油	65ml(大豆、花生)	喷雾	杂草3～5叶期施药
抛秧净	25%悬乳剂	30～40g	喷施	抛秧后7～10天施药
丁 苄 butachlor	35%可湿性粉剂	80g	喷雾	秧田、直播田在秧苗立针期、抛秧田在抛秧后3～5天施药
威 霸 fenoxaprop	6.9%浓乳剂	40～60ml	喷雾	杂草2～6叶期
乐草隆	15%可湿性粉剂	5g(水田)	撒施	插秧后3～5天

续表6

农药名称	剂型	常用药量(g/次·亩)或 ml/次·亩或稀释倍数	施药方法	最后一次施药离收获的天数(安全间隔期)
新代力	10%可湿性粉剂	5~6g	撒施	插秧后3~5天
乙草胺 acetochlor	50%乳油	100ml(大豆)	喷雾	播前或播后芽前
		10ml(水稻)		插秧后3~5天
		200ml(花生)		播后苗前
		120ml(玉米)		

4.9 生产无公害农产品(食品)禁止使用农药种类见表7。

表7 无公害农产品(食品)生产中禁止使用的化学农药的种类

农药种类	农药名称	禁用作物	禁用原因
无机砷杀虫剂	砷酸钙、砷酸铅	所有作物	高毒
有机砷杀菌剂	甲基砷酸锌、甲基胂酸铁铵(田安)、福美甲胂、福美胂	所有作物	高残毒
有机锡杀菌剂	薯瘟锡(三苯基醋酸锡)、三苯基氯化锡、毒菌锡、氯化锡	所有作物	高残毒
有机汞杀菌剂	氯化乙基汞(西力生)、醋酸苯汞(赛力散)	所有作物	剧毒高残毒
有机杂环类	敌枯双	所有作物	致畸
氟制剂	氟化钙、氟化钠、氟乙酸钠、氟乙酰胺、氟铝酸钠、氟硅酸钠	所有作物	剧毒、高毒、易药害
有机氯杀虫剂	DDT、六六六、林丹、艾氏剂、狄氏剂、五氯酚钠、氯丹、毒杀芬、硫丹	所有作物	高残留
有机氯杀螨剂	三氯杀螨醇	蔬菜、果树、茶叶、食用菌	高残留

续表7

农药种类	农药名称	禁用作物	禁用原因
卤代烷类熏蒸杀虫剂	二溴乙烷、二溴氯丙烷	所有作物	致癌、致畸
有机磷杀虫剂	甲拌磷、乙拌磷、久效磷、对硫磷、甲基对硫磷、甲胺磷、氧化乐果、治螟磷、蝇毒磷、水胺硫磷、磷胺、内吸磷、甲基异柳磷、甲基环硫磷、杀扑磷	蔬菜、果树、茶叶	高毒
有机磷杀菌剂	稻瘟净、异稻瘟净	水稻	异臭味
氨基甲酸酯杀虫剂	克百威(呋喃丹)、涕灭威、灭多威	所有作物	高毒
二甲基甲脒类杀虫杀螨剂	杀虫脒	所有作物	慢性毒性致癌
拟除虫菊酯类杀虫剂	所有拟除虫菊酯类杀虫剂	水稻	对鱼毒性大
取代苯类杀虫菌剂	五氯硝基苯、稻瘟醇(五氯苯甲醇)、苯菌灵(苯莱特)	所有作物	国外有致癌报道或二次药害
二苯醚类除草剂	除草醚、草枯醚	所有作物	慢性毒性
其他	各类除草剂、乙基环硫磷、灭线磷、螨胺磷、克线丹、磷化铝、磷化锌、磷化钙、硫丹、阿维菌素	蔬菜	药害、高毒

5. 肥料使用准则

5.1 禁止使用未经国家或省级农业部门登记的化学或生物肥料。

5.2 肥料使用总量(尤其是氮肥总量)必须控制在土壤地下水硝酸盐含量在 40mg/L 以下。

5.3 必须按照平衡施肥技术,以优质有机肥为主。以生活垃圾、污泥、畜禽粪便等为主要有机肥料生产的商品有机肥或有机无机肥,每年每亩施用量不得超过 200kg,其中主要重金属含量指标见表 8。

表 8　商品有机肥或有机无机肥中主要重金属含量指标　(mg/kg)

项　　目		指　　标
砷(以 As 计)	≤	20
镉(以 Cd 计)	≤	200
铅(以 Pb 计)	≤	100

5.4　肥料施用结构中,有机肥所占比例不得低于 1∶1(纯养分比较)。

5.5　允许使用的肥料种类。

5.5.1　有机肥:堆肥、沤肥、厩肥、沼气肥、绿肥、作物秸秆、泥肥、饼肥。

5.5.2　无机肥料:矿物氮肥、矿物钾肥、矿物磷肥(磷矿粉)和石灰石;按农技部门指导的平衡施肥技术方案配制的氮肥、磷肥、钾肥及其他符合要求的无机复混(合)肥。

5.5.3　微生物肥料:根瘤菌肥料、固氮菌肥料、磷细菌肥料、硅酸盐细菌肥料、复合微生物肥料、光合细菌肥料。

5.5.4　叶面肥料:以大量元素、微量元素、氨基酸、腐植酸、精致有机肥中一种为主配制成的叶面喷施的肥料。

a)微量元素肥料:铜、铁、锰、锌、硼、钼等微量元素及有益元素为主配的肥料。

b)植物生长辅助肥料:用天然有机提取液或接种有益菌类的发酵液,添加一些腐植酸、藻酸、氨基酸、维生素、糖等配制的肥料。

5.5.5　中量元素肥料:以钙、镁、硫、硅等中量元素肥料配制的肥料。

5.5.6 复混(合)肥料:主要以氮、磷、钾中两种以上的肥料按科学配方配制而成的有机和无机复混(合)肥料。

6. 饲料使用准则

(略)

7. 兽药使用准则

(略)

8. 加工过程质量控制

8.1 无公害农产品(食品)的加工、运输、贮藏场地、设备应安全卫生、无污染。

8.2 无公害农产品(食品)的加工水质应符合 DB 32/T 434.1—1999 的规定。

8.3 无公害农产品(食品)在加工过程中使用的化学合成的防腐剂、食品添加剂和人工色素等,应符合国家有关标准规定。

9 包装要求

9.1 包装用聚丙烯树脂卫生标准见表9。

表9 包装用聚丙烯树脂卫生标准

项 目		指 标
正己烷提取物,%	≤	2

9.2 包装用原纸卫生标准见表10。

表10 包装用原纸卫生标准

项 目		指 标
铅(以 Pb 计),mg/kg	≤	5.0
砷(以 As 计),mg/kg	≤	1.0
荧光性物质(254mm 以及 365mm)		合 格

项　　目		指　　标
致病菌(系指肠道致病菌、致病性球菌)		不得检出
大肠菌群(个/100g)	≤	30
脱色试验(水、正己烷)		阴　性

9.3 包装用聚乙烯成品型卫生标准见表11。

表 11　包装用聚乙烯成型品卫生标准

项　　目		指　　标
蒸发残渣,mg/kg		
4%乙酸,60℃,2h	≤	30
65%乙酸,20℃,2h	≤	30
正己烷,20℃,2h	≤	60
高锰酸钾消耗量,mg/L 60℃,2h		10
重金属(以Pb计),mg/L,4%乙酸,60℃,2h	≤	1
脱色试验 乙　醇 冷餐油或无色油脂 浸泡液		阴　性

三、产品安全标准(DB 32/T 343.3—1999)

1. 范围

本标准规定了无公害农产品(食品)产品安全标准的要求和检测方法。

本标准适用于粮食、蔬菜、水果、茶叶、植物油、淡水鱼、鲜蛋、肉、鲜奶、蜂蜜和食用菌等无公害农产品(食品)及其加工产品。

2. 引用标准

下列标准所包括的条文,通过在本标准中引用而构成本标准的条文。在本标准执行时,所示版本均为有效。所有标准都会被修订,使用本标准的各方应探讨使用下列标准最新版本的可能性。

GB 4789.2—1994　食品卫生微生物学检验　菌落总数测定

GB 4789.3—1994　食品卫生微生物学检验　大肠菌群测定

GB 4789.15—1994　食品卫生微生物学检验　霉菌和酵母计数

GB/T 5009.11—1996　食品中总砷的测定方法

GB/T 5009.12—1996　食品中铅的测定方法

GB/T 5009.13—1996　食品中铜的测定方法

GB/T 5009.14—1996　食品中锌的测定方法

GB/T 5009.15—1996　食品中镉的测定方法

GB/T 5009.17—1996　食品中总汞的测定方法

GB/T 5009.18—1996　食品中氟的测定方法

GB/T 5009.19—1996　食品中六六六、滴滴涕残留量的测定方法

GB/T 5009.20—1996　食品中有机磷农药残留量的测定方法

GB/T 5009.24—1996　食品中黄曲霉素 M1、B1 的测定方法

GB/T 5009.27—1996　食品中苯并(a)芘的测定方法

GB/T 5009.33—1996　食品中硝酸盐与亚硝酸盐的测定方法

GB/T 5009.36—1996　粮食卫生标准分析方法

GB/T 5009.38—1996　蔬菜、水果卫生标准分析方法

GB/T 5009.57—1996　茶叶卫生标准分析方法

GB 14876—1994　食品中甲胺磷和乙酰甲胺磷农药残留量的测定方法

GB 14877—1994　食品中氨基甲酸酯类农药残留量的测定方法

GB/T 14929.2—1994　花生仁、棉籽油、花生油中涕灭威残留量的测定方法

GB/T 14929.4—1994　食品中氯氰菊酯、氰戊菊酯、溴氰菊酯残留量的测定方法

GB/T 14962—1994　食品中铬的测定方法

3. 要求

3.1　无公害农产品(食品)粮食安全指标见表12。

表 12　无公害农产品(食品)粮食安全指标

项　　目		指　标	种　类
磷化物(以 PH_3 计),mg/kg	≤	0.05	以原粮计
氰化物(以 HCN 计),mg/kg	≤	5	以原粮计
砷(以总 As 计),mg/kg	≤	0.7	
汞(以 Hg 计),mg/kg	≤	0.02	以成品粮计
氟,mg/kg	≤	1.0	
铅(以 Pb 计)mg/kg	≤	0.4	
铬,mg/kg	≤	1.0	
镉(以 Cd 计)mg/kg	≤	0.2	大　米
		0.1	面　粉
		0.05	杂　粮

项　目		指　标	种　类
铜（以 Cu 计），mg/kg	≤	10	
亚硝酸盐（以 NaNO₂ 计），mg/kg	≤	3	大米、面粉、玉米
溴氰菊酯，mg/kg	≤	0.5	原　粮
氰戊菊酯，mg/kg	≤	0.2	以原粮计
呋喃丹，mg/kg	≤	0.5	稻　谷
对硫磷，mg/kg	≤	0.1	原　粮
乐果，mg/kg	≤	0.05	原　粮
甲拌磷，mg/kg	≤	0.02	以原粮计
甲胺磷，mg/kg	≤	0.1	稻　谷
苯并(a)芘，ug/kg	≤	5	
杀虫脒		不得检出	
黄曲霉素 B₁，mg/kg	≤	5	以成品粮计

3.2　无公害农产品（食品）蔬菜安全指标见表 13。

表 13　无公害农产品（食品）蔬菜安全指标　　(mg/kg)

项　目		指　标	种　类
砷（以总 As 计）	≤	0.5	
汞（以 Hg 计）	≤	0.01	
铅（以 Pb 计）	≤	0.2	
铬	≤	0.5	
镉（以 Cd 计）	≤	0.05	
氟	≤	1.0	
铜（以 Cu 计）	≤	10	
亚硝酸盐（以 NaNO₂ 计）	≤	4	

项 目		指 标	种 类
硝酸盐(以 NaNO₃ 计)	≤	600(生食)	瓜、果、叶菜
		1200(熟食)	叶菜、根茎、果
乐 果	≤	1.0	
氯氰菊酯	≤	1	叶 菜
		0.5	番 茄
甲拌磷			
呋喃丹			
对硫磷			
甲胺磷		不得检出	
水胺硫磷			
氧化乐果			
甲基对硫磷			
久效磷			

3.3 无公害农产品(食品)水果安全指标

(略)

3.4 无公害农产品(食品)茶叶安全指标

(略)

3.5 无公害农产品(食品)植物油安全指标

(略)

3.6 无公害农产品(食品)淡水鱼安全指标

(略)

3.7 无公害农产品(食品)鲜蛋安全指标

(略)

3.8 无公害农产品(食品)肉类安全指标

(略)

3.9 无公害农产品(食品)鲜奶安全指标

(略)

3.10 无公害农产品(食品)蜂蜜安全指标

(略)

3.11 无公害农产品(食品)食用菌安全指标

(略)

4. 检测方法

4.1 无公害农产品(食品)粮食安全检测

(略)

4.2 无公害农产品(食品)蔬菜安全检测

4.2.1 砷的测定 按照 GB/T 5009.11—1996 进行。

4.2.2 汞的测定 按照 GB/T 5009.17—1996 进行。

4.2.3 铅的测定 按照 GB/T 5009.12—1996 进行。

4.2.4 铬的测定 按照 GB/T 14962—1994 进行。

4.2.5 镉的测定 按照 GB/T 5009.15—1996 进行。

4.2.6 氟的测定 按照 GB/T 5009.18—1996 进行。

4.2.7 铜的测定 按照 GB/T 5009.13—1996 进行。

4.2.8 硝酸盐的测定 按照 GB/T 5009.33—1996 进行。

4.2.9 亚硝酸盐的测定 按照 GB/T 5009.33—1996 进行。

4.2.10 乐果的测定 按照 GB/T 5009.20—1996 进行。

4.2.11 氯氰菊酯的测定 按照 GB/T 14929.4—1994 进行。

4.2.12 甲拌磷的测定　按照 GB/T 5009.20—1996 进行。

4.2.13 呋喃丹的测定　按照 GB 14877—1994 进行。

4.2.14 对硫磷的测定　按照 GB/T 5009.20—1996 进行。

4.2.15 甲胺磷的测定　按照 GB 14876—1994 进行。

4.2.16 水胺硫磷的测定　按照 GB/T 5009.20—1996 进行。

4.2.17 甲基对硫磷的测定　按照 GB/T 5009.20—1996 进行。

4.2.18 久效磷的测定　按照 GB/T 5009.20—1996 进行。

4.3　无公害农产品(食品)　水果安全检测

(略)

4.4　无公害农产品(食品)　茶叶安全检测

(略)

4.5　无公害农产品(食品)　植物油安全检测

(略)

4.6　无公害农产品(食品)　淡水鱼安全检测

(略)

4.7　无公害农产品(食品)　鲜蛋安全检测

(略)

4.8　无公害农产品(食品)　肉类安全检测

(略)

4.9　无公害农产品(食品)　鲜奶安全检测

(略)

4.10　无公害农产品(食品)　蜂蜜安全检测

(略)

4.11　无公害农产品(食品)　食用菌安全检测

(略)

附录5 宁波市无公害蔬菜通用生产技术规程

宁波市蔬菜副食品办公室

1. 范围

本标准规定了无公害蔬菜生产的基地选择、品种选择、施肥灌溉、病虫草害防治及采收的通用技术要求。

本标准适用于无公害蔬菜的生产。

2. 引用标准（略）

3. 定义

本标准采用下列定义。

3.1 农家肥料

系指含有大量生物物质、动植物残体、排泄物、生物废弃物等物质的肥料。

3.2 堆肥

以各类秸秆、落叶、湖草、人畜粪便为原料，与少量泥土混合堆积发酵而成一种有机肥。

3.3 沤肥

沤肥所用物料与堆肥基本相同，只是在淹水条件下（嫌气性）进行发酵而成的肥料。

3.4 厩肥

系指猪、牛、马、羊、鸡、鸭等畜禽的粪尿与秸秆垫料堆制发酵而成的肥料。

3.5 沼气肥

在密封的沼气池中,有机物在嫌气条件下腐解产生沼气后的副产物。包括沼气液和残渣。

3.6 绿肥

利用栽培或野生的绿色植物作肥料。主要分为豆科和非豆科两大类。豆科有绿豆、蚕豆、田菁、苜蓿、紫云英、苕子等。非豆科绿肥,最常用的有禾本科的黑麦草;十字花科的萝卜;菊科的小葵子;满江红科的满江红;雨久花科的水葫芦;苋科的水花生等。

3.7 泥肥

未经污染的河泥、塘泥、沟泥、港泥、湖泥等。

3.8 饼肥

菜籽饼、棉籽饼、豆饼、芝麻饼、花生饼、蓖麻饼、茶籽饼等。

3.9 商品有机肥料

是指以大量生物物质为原料,加工成的商品肥料。

3.10 腐植酸类肥料

是指泥炭(草炭)、褐煤、风化煤等含有腐植酸类物质的肥料。

3.11 微生物肥料

是指特定微生物菌种培养生产具有活性的微生物制剂。它是无毒无害、不污染环境,通过特定微生物的生命活动能改善植物的营养,或产生植物生长激素,促进植物生长。

3.12 根瘤菌肥料

能在豆科植物上形成根瘤,可同化空气中的氮气,改善豆科植物的氮素营养,有花生、大豆、绿豆等根瘤菌剂。

3.13　固氮菌肥料

能在土壤中和很多作物根际固定空气中的氮气,为作物提供氮素营养;又能分泌激素刺激作物生产。有自生固氮菌,联合固氮菌剂等。

3.14　磷细菌肥料

能把土壤中难溶性磷转化为作物可以利用的有效磷,改善作物磷素营养 。有磷细菌、解磷真菌、菌根菌剂等。

3.15　硅酸盐细菌肥料

能对土壤中云母、长石等含钾的铝硅酸盐及磷灰石进行分解,释放出钾、磷与其灰分元素,改善作物的营养条件。有硅酸盐细菌、其他解钾微生物制剂等。

3.16　复合微生物肥料

含有二种以上有益的微生物(固氮菌、磷细菌、硅酸盐细菌或其他一些细菌)它们之间互不颉颃并能提高作物一种或几种营养元素的供应水平,并含有生理活性物质的制剂。

3.17　有机无机复合肥

由有机和无机物质混合或化合制成的肥料。指经无害化处理后的畜禽粪便,加入适量的 Zn、Mn、B、Mo 等微量元素制成的肥料。

3.18　无机(矿质)肥料

矿质经物理或化学工业方式制成,养分呈无机盐形式的肥料。包括:矿物钾肥(氯化钾、硫酸钾)、矿物磷肥(磷矿粉)、煅烧磷酸盐(钙镁磷肥、脱氟磷肥)、石灰石(限酸性土壤使用)、粉状硫肥(限碱性土壤使用)。

3.19　叶面肥料

喷施于植物叶片并能被其吸收利用的肥料,叶面肥料中不得含有化学合成的生长调节剂。

3.20 微量无素肥料

以 Cu、Fe、Mn、Zn、B、Mo 等微量元素及有益元素为主配制而成的肥料。

3.21 植物生长辅助物质

用天然有机物提取液或接种有益菌类的发酵液,再配加一些腐植酸、藻酸、氨基酸、维生素、糖等配制的肥料。

3.22 农药

是指用于预防、消灭或控制危害农业、林业的病虫害、草害等有害生物,以及有目的地调节植物、昆虫生长的化学药品或来源于生物及其他天然物质的一种物质或者几种物质的混合物及其制剂。

3.23 安全间隔期

是指在作物上最后一次施用农药(二种或二种以上的农药则单独计)至采收可安全食用所需间隔的天数。

3.24 农药残留

是指农药施用后残留在蔬菜中的微量农药原体及其有毒的代谢物、降解物和杂质的总称,残留的数量,一般以每 Kg(千克)样品中含多少 mg(毫克)表示。

3.25 生物源农药

指直接利用生物活体或生物代谢过程中产生的具有生物活性的物质或从生物体提取的物质为防治病虫草害的农药。包括微生物源农药、动物源农药、植物源农药。

3.26 有机合成农药

由人工研制合成,并由有机化学工业生产的商品化的一类农药,包括一些杀虫剂、杀螨剂、杀菌剂、除草剂等。

4. 基地选择

环境应符合 DB 3302/T 009.1 要求。

5. 种子

5.1 选择原则

应选择优质高产、抗病虫的品种，广泛利用杂种优势。叶菜类应选择低富集硝酸盐的品种。

5.2 种子处理

播种前根据需要对种子进行杀菌消毒处理，如对种子进行药剂处理，所用药剂应符合本标准附录规定。

6. 施肥原则

6.1 允许使用的肥料

①农家肥料　包括堆肥、沤肥、厩肥、沼气肥、绿肥、作物秸秆、泥肥、饼肥。

②商品肥料　包括商品有机肥料、腐植酸类肥料、微生物肥料(指根瘤菌肥料、固氮菌肥料、磷细菌肥料、硅酸盐细菌肥料、复合微生物肥料)、有机无机复合肥、无机(矿质)肥料、矿物钾肥(氯化钾、硫酸钾)、叶面肥料、微量元素肥料、植物生长辅助肥料。

③其他肥料　包括不含合成添加剂的食品、纺织工业的有机副产品；包括不含防腐剂的鱼渣、牛羊毛废料、骨粉、氨基酸残渣、骨胶废渣、家畜加工废料、糖厂废料等有机物制成的肥料。

6.2 使用准则

①选用本标准规定允许使用的肥料种类。肥料的使用必须使足够数量的有机物质返回土壤，以保持或增加土壤肥力及土壤生物活性。所有肥料，尤其是含氮的肥料，应不对环境和作物(营养、风味、品质和植物抗性)产生不良后果。

②禁止使用有害的城市垃圾和污泥、医院的粪便垃圾和含有害物质(如毒气、病原微生物、重金属等)的各类工业垃

圾,未经腐熟的厩肥、人粪尿均不得使用

③秸秆还田　有堆沤还田(堆肥、沤肥、沼气肥)、过腹还田(牛、马、猪等牲畜粪尿)、直接翻压还田。各地可因地制宜采用。秸秆直接翻入土中,注意盖土要严,不要产生根系架空现象,并加氮素调节碳氮比,以利于秸秆分解。

④绿肥　利用形式有覆盖、翻入土中、混合堆沤。翻压绿肥最好在盛花期,压埋深度为旱地 15cm,水田 10~15cm 左右,盖土要严,翻后耙匀。压青后 15~20 天再进行播种或移苗。

⑤腐熟的达到无害化要求的沼气肥水,及腐熟的人、畜粪尿可用做追肥,但严禁在叶菜上做追肥。

⑥饼肥对蔬菜品质有较好的作用,腐熟的饼肥可适当多用。

⑦叶面肥料,喷施于作物叶片。可施一次或多次,但最后一次必须在收获前 7 天。

⑧微生物肥料可用于拌种,也可做基肥或追肥使用。使用进度应严格按照使用说明书的要求操作。微生物肥料对减少蔬菜硝酸盐含量,改善蔬菜品质有明显效果,可有计划扩大使用。

⑨化肥应与有机肥料配合施用,有机氮:无机氮以 1:1 为宜,大约厩肥 1 000kg 加尿素 20kg(厩肥做基肥,尿素可做基肥和追肥用)。一次性采收的蔬菜,最后一次追施化肥必须在收获前 15 天进行。

⑩化肥也可与微生物肥配合施肥。

6.3　其他规定

①秸秆烧灰还田方法只有在病虫害发生严重的地块采用较为适宜。应当尽量避免盲目放火烧灰的做法。

②生产无公害蔬菜的农家肥无论采用何种原料（包括人畜禽粪尿、秸秆、杂草、泥炭等）制作堆肥，必须经高温发酵，以杀灭各种寄生虫卵和病原菌、杂草种子，去除有害有机酸和有害气体，使之达到无害化要求。

③农家肥料，原则上就地生产就地使用。外来农家肥料应确认符合要求后才能使用。商品肥料及新型肥料必须有国家有关部门的登记认证及生产许可证方可使用。

④因施肥造成土壤、水源污染或影响蔬菜生长、产品达不到标准时，要停止施用该肥料，并向有关部门报告。用其生产的商品不能作为无公害蔬菜。

7. 灌溉

灌溉水应符合 GB 5084 要求。

8. 病虫草害的防治

8.1 综合防治

①生产过程中应从蔬菜——病虫草等整个生态系统观点出发，坚持预防为主、综合防治的原则。

②要以农业防治为基础，优先选用抗病虫性强的优良蔬菜品种。创造不利于病虫草害孳生和有利于各类天敌繁衍的环境条件，要充分保护和利用害虫天敌，发挥各种自然控制因子的控害作用，综合运用农业、生物、理化及其他有效安全手段，把病虫草发生为害控制在经济允许水平以下，以达到高产、优质、经济和安全无公害的目的。

8.2 农药使用准则

①严禁使用国家明令禁止使用的高毒、高残留化学农药或具有三致（致癌、致畸、致突变）的农药（包括有关含高毒、高残留农药的混配复配制品），具体见表 3（表中未含全部有关混配或复配制品）。

②在矿物源农药中允许使用硫制剂、铜制剂。

③使用的农药必须具有"三证"(农药登记证、生产许可证或生产批准文件、产品合格证)要求,其使用须按〔1997〕国发第216号令《农药管理条例》严格执行。

④允许使用植物源农药、动物源农药和微生物源农药。

⑤如生产上实属必须,允许生产基地有限量地使用化学农药,其使用次数、使用方法和安全间隔期必须符合表1、表2所列要求,不可随意提高使用浓度和增加使用次数。如生产中实属需要或新农药的推广应用需要,需使用表1、表2及GB 4283、GB 8321标准所列以外的农药品种,须报经市蔬菜副食品办公室和有关部门审批和备案。

⑥在配合使用有机合成化学农药和生物源农药时,混配的化学农药只允许使用表1、表2中所列的品种,使用后仍须在安全间隔期后方可采收上市。

⑦要根据蔬菜病虫发生实际对症用药,因防治对象、农药性能以及抗药性程度不同而选择最合适的农药品种,能挑治的不普治,尽量减少农药的使用次数和用药量。提倡合理轮用和交替使用化学农药,以防抗药性过早产生,提高防效。

⑧要防止因无公害蔬菜生产区域以外农田使用高毒、高残留农药而造成的交叉污染。

⑨最后一次施药距可安全采收所间隔天数不得少于表1、表2中规定的期限。

9. 采收

采收后的蔬菜应做必要的清理,以免在城市产生不必要的垃圾,采收后的蔬菜如需水淋,其水质应符合GB 5749要求。

表1 宁波市无公害蔬菜可限制性杀虫剂使用标准

农药名称	允许残留量 ≤mg/kg	安全间隔期 （天）	667m² 常用量	施用方法
敌敌畏	小白菜,0.2	不少于7	100~200g (500~1000倍)	喷雾3次
敌百虫	小白菜,0.2	不少于8	100g (500~1000倍)	喷雾2次
乐果	小白菜、黄瓜,1.0	不少于8,2	50~100ml (800~2000倍)	喷雾3次
辛硫磷	小白菜 黄瓜,0.05 韭菜	不少于7 不少于5 不少于17	50~100ml (500~2000倍)	喷雾2次,韭菜浇根1次
乐斯本	甘蓝,1.0	不少于7	50~100ml (800~2000倍)	喷雾3次
农地乐		不少于7	1000~2000倍	喷雾2次
抑太保	0.5	不少于7	40~80ml	喷雾2次 (卡死克参考使用)
阿维菌素类		不少于7	33~50ml	喷雾3次
喹硫磷	甘蓝, 大白菜 0.2	喷1次,9天 喷2次,24天	60~100ml	
抗蚜威	叶菜,0.5	不少于10	10~30g	喷雾3次
菜喜		不少于1	30~70ml	喷雾2次
氯氰菊酯	番茄0.5 叶菜1.0	不少于 $\frac{2}{3}$	20~40ml	喷雾3次
敌杀死	叶菜,0.2	2	20~40ml	喷雾2次
高效氯氰菊酯	大、小白菜,1.0	不少于3	5~10ml	喷雾2次

农药名称	允许残留量 ≤mg/kg	安全间隔期 （天）	667m² 常用量	施用方法
速灭杀丁	叶菜≤0.5 果菜≤0.2 根茎菜≤0.05	夏菜5,秋菜2 不少于3 不少于10	5～10ml	喷雾3次
灭扫利	叶菜≤0.5	不少于3	25～30ml	喷雾3次
功夫	≤0.2	不少于7	25～50ml	喷雾3次
吡虫啉		不少于7	1000～3000 倍	喷雾2次
克螨特		不少于7	2000～3000 倍	喷雾1次
联苯菊酯	0.5	不少于4	5～10ml	喷雾3次

表2　限制使用的杀菌剂及植物生长调节剂

农药名称	允许残留量≤mg/kg	安全间隔期 （天）	667m² 常用量	施用方法
百菌清	黄瓜1 番茄5	不少于10 不少于7	600 倍 145～270g	结瓜前喷1次 喷雾3次
百菌清烟剂	1	不少于3	110～180g	大棚用,熏4次
多菌灵	黄瓜,0.5	不少于7	50g,500～1000 倍	喷雾1次
甲霜灵锰锌	黄瓜,0.5	不少于2	75～120g	喷雾2次
杀毒矾	5	不少于3	110～130g,600～1000 倍	喷雾3次
粉锈宁	0.2	不少于5	35～60g	喷雾2次
速克灵	黄瓜2.0	不少于1	40～50g	喷雾2次
可杀得	番茄2.0	不少于3	134～200g	喷雾3次
杜邦克露		不少于5	500～800 倍	喷雾2次
新万生		不少于5	500～800 倍	喷雾2次

农药名称	允许残留量≤mg/kg	安全间隔期（天）	667m² 常用量	施用方法
甲基托布津		叶、果菜不少于 5	1000～2000 倍	喷雾 1 次
扑海因		不少于 10	1000～2000 倍	喷雾 1 次
农利灵		不少于 4	1000～2000 倍	喷雾 2 次
井冈霉素		不少于 14	100～500ml	喷雾
多效唑		1 叶 1 心期 25～30	40g,对水 100kg	喷雾
爱多收		不少于 7	6000～8000 倍	喷雾 2 次
农用链霉素		不少于 2	15～30g	

表 3 宁波市禁止使用的化学农药

种　类	名　　　称	原　因
有机砷杀虫剂	砷酸钙、砷酸铅	高毒
有机砷杀菌剂	甲基胂酸锌（稻脚青）、胂酸铵（田安）、福美甲胂、福美胂	高残毒
有机锡杀菌剂	薯瘟锡（毒菌锡）、三苯基氯化锡、三苯基醋酸锡	高残毒
有机汞杀菌剂	氯化乙基汞（西力生）、醋酸苯汞（赛力散）	剧毒、高残留
有机杂环类	敌枯双	致　畸
氟制剂	氟化钙、氟化钠、氟化酸钠、氟乙酰胺、氟铝酸钠	剧毒,易药害
有机氯杀虫剂	DDT、六六六、林丹、艾氏剂、五氯粉钠、硫丹	高残留

种　类	名　称	原　因
有机氯杀螨剂	三氯杀螨醇	含 DDT
卤代烷类杀虫剂	二溴乙烷、二溴氯丙烷	致癌、致畸
有机磷杀虫剂	甲拌磷、乙拌磷、久效磷、对硫磷、甲基对硫磷、甲胺磷、氧化乐果、治螟磷、水胺硫磷、磷胺、内吸磷、马拉硫磷	高毒、潜在致癌、致畸、致突变
氨基甲酸酯杀虫剂	克百威、涕灭威、灭多威、呋喃丹	高　毒
二甲基甲脒杀虫剂	杀虫脒	慢性毒性、致癌
取代苯类	五氯基苯、稻瘟醇（五氯苯甲醇）、苯菌特（苯莱特）	致瘟或二次药害
二苯醚除草剂	除草醚、草枯醚	慢性毒性

注:拟除虫菊酯类杀虫剂因对鱼毒性大,禁止在水生蔬菜上使用。

附录 6 NY/T 448—2001 蔬菜上 有机磷和氨基甲酸酯类 农药残毒快速检测方法

前 言

本方法能快速检测蔬菜中有机磷和氨基甲酸酯类农药残毒。

本标准由中华人民共和国农业部提出。

本标准由农业部农药检定所负责起草。

本标准主要起草人:高晓辉、朱光艳、陶传红、秦冬梅、龚勇、刘光学、何艺兵。

本标准由农业部农药检定所负责解释

1. 范围

本标准规定了甲胺磷等有机磷和克百威等氨基甲酸酯类农药在蔬菜中的残毒快速检测方法。

本标准适用于叶菜类(除韭菜)、果菜类、豆菜类、瓜菜类、根菜类(除胡萝卜、荸荠等)中甲胺磷、氧化乐果、对硫磷、甲拌磷、久效磷、倍硫磷、杀扑磷、敌敌畏、克百威、涕灭威、灭多威、抗蚜威、丁硫克百威、甲萘威、丙硫克百威、速灭威、残杀威、异丙威等的农药残毒快速检测。

2. 原理

有机磷和氨基甲酸酯类农药能抑制昆虫中枢和周围神经系统中乙酰胆碱酯酶的活性,造成神经传导介质乙酰胆碱的积累,影响正常传导,使昆虫中毒致死,根据这一昆虫毒理学原理,用在对农药残留的检测中。加入反应试剂后,用分光光度计测定吸光值随时间的变化值,计算出抑制率,判断蔬菜中含有机磷或氨基甲酸酯类农药的残毒情况。即

乙酰胆碱酯酶＋有机磷或氨基甲酸酯类农药→酶活性被抑制

$$乙酰胆碱酯酶 + 样式提取液 \begin{cases} 活性被抑制 \rightarrow 样本中含有机磷或氨基甲酸酯类农药 \\ 活性正常 \rightarrow 样本中不含有机磷或氨基甲酸酯类农药 \end{cases}$$

如以乙酰硫代胆碱(ACHE)为底物,在乙酰胆碱酯酶(AChE)的作用下乙酰硫代胆碱(AsCh)水解成硫代胆碱和乙酸,硫代胆碱和二硫双对硝基苯甲酸(DTNB)产生显色反应,使反应呈黄色,在分光光度计 410 纳米处有最大吸收峰,用分光光度计可测得酶活性被抑制程度(用抑制率表示)。

3. 试剂

3.1 pH 8 磷酸缓冲液

3.2 丁酰胆碱酯酶:根据酶活性情况按要求用缓冲液溶解,△A 值控制在 0.4～0.8 之间。

3.3 底物:碘化硫代丁酰胆碱(S-butyryifhiocholime iodide,即 BTCI),缓冲液溶解。

3.4 显色剂:二硫代二硝基苯甲酸〔5,5-dithiobis(nitroebeoic acid,即 DTNB)〕,用缓冲液溶解。

4. 仪器

4.1 波长为 410 纳米±3 纳米专用速测仪,或可见光分光光度计。

4.2 电子天平(准确度 0.1 克)。

4.3 微型样品混合器。

4.4 台式培养箱。

4.5 可调移液枪:(10～100 微升,1～5 毫升)。

4.6 不锈钢取样器(内径 2 厘米)。

4.7 配套玻璃仪器及其他配件等。

5. 检测

5.1 取样

用不锈钢管取样器取来自不同植株叶片(至少 8～10 片叶子)的样本;果菜从表皮至果肉 1～1.5 厘米处取样。

5.2 检测过程

取 2 克切碎的样本(非叶菜取 4 克),放入提取瓶内,加入 20 毫升缓冲液,震荡 1～2 分钟,倒出提取液,静止 3～5 分钟;于小试管内分别加入 50 微升酶,3 毫升样本提取液,50 微升显色剂,于 37℃～38℃下放置 30 分钟后再分别加入 50 微升底物,倒入比色杯中,用仪器进行测定。

5.3 检测结果计算

检验结果按式(1)计算

$$抑制率(\%)=\frac{\triangle Ac-\triangle As}{\triangle Ac}\times 100$$

式中△Ac—对照组 3 分钟前吸光值之差;

△As—样本 3 分钟后与 3 分钟前吸光值之差。

抑制率≥70%时,蔬菜中含有某种有机磷或氨基甲酸酯类农药残毒。此时样本要有 2 次以上重复检测,几次重复检测的重现性应在 80%以上。

6. 最低检出浓度

本方法的最低检出浓度见表 1。

表 1

农药中文名	英文通用名	毒性	最低检出浓度（溶液）毫克/升	最低检出浓度（蔬菜）毫克/升
甲 胺 磷	methamidophos	高毒	1～2	3～5
氧 化 乐 果	omethoate	高毒	0.7～2	2～5
对 硫 磷	parathion	高毒	0.7～1.5	2～4
甲 拌 磷	phorate	高毒	0.3～0.7	1～2
久 效 磷	monocroto-phos	高毒	0.3～0.7	1～2
倍 硫 磷	fenthion	高毒	2～2.5	6～7
杀 扑 磷	methidathion	高毒	2～2.5	6～7
敌 敌 畏	dichlorovos	中毒	0.1	0.3
克 百 威	carbofuran	高毒	0.3～0.7	1～2
涕 灭 威	aldicarb	高毒	0.3～0.7	1～2
灭 多 威	methomyl	高毒	0.3～0.7	1～2
抗 蚜 威	pirimicarb	高毒	0.5～1	1.5～3
丁 硫 克 威	carbosulfan	中毒	0.7～1	2～3
甲 萘 威	carbaryl	中毒	0.3～0.7	1～2
丙硫克百威	benfuracarb	中毒	0.3～0.7	1～2
速 灭 威	MTMC	中毒	0.5～0.8	1.5～2.5
残 杀 威	propoxur	中毒	0.3～0.8	1.5～2.5
异 丙 威	isoprocarb	中毒	0.5～0.8	1.5～2.5

丁酰胆碱酯酶对甲基对硫磷、乐果、毒死蜱、二嗪磷等农药不太灵敏，检出浓度均在 10 毫克/千克以上。

（中华人民共和国农业部 2001 年 6 月 1 日批准，2001 年 10 月 1 日实施）

主要参考文献

1 张真和,祝旅.我国蔬菜进出口形势分析.中国蔬菜.2003年,第1期1～3

2 国家环境保护总局有机食品发展中心.《OFDC有机认证标准》.2003年4月编制,2003年7月1日起实施

3 刘连馥.绿色食品导论.企业管理出版社,1998年7月

4 葛晓光,张智敏.绿色蔬菜生产.中国农业出版社,1997年7月

5 宋明等.绿色蔬菜生产新技术.四川科学技术出版社,2003年1月

6 江苏省农林厅.无公害农产品(食品)江苏省地方标准,1999年12月10日

7 全国农业技术推广服务部等.无公害蔬菜生产技术.中国农业出版社,2002年5月

8 陈杏禹.无公害蔬菜生产技术.中国计量出版社,2002年9月

9 沈火林等.无公害蔬菜水果生产手册.科学技术文献出版社,2003年2月

10 龚惠启等.无公害蔬菜生产实用技术.湖南科学技术出版社,2002年7月

11 周新民等.无公害蔬菜生产200题.中国农业出版社,1999年7月

12 胡玉清等.无公害蔬菜栽培新技术.金盾出版社,

1998 年 8 月

13　马新立．温室番茄无公害栽培．科学技术文献出版社,2003 年 2 月

14　蒋健箴等．辣椒无公害高效栽培．金盾出版社,2003 年 5 月

15　马新立．温室黄瓜无公害栽培．科学技术文献出版社,2003 年 2 月

16　吴志行,侯喜林等．部分创汇蔬菜产销及出口标准．长江蔬菜,2002 年第 1 期:6～9

17　丁超．出口创汇蔬菜高效栽培技术．江苏科学技术出版社,1998 年 9 月

18　侍守江,赵有为．出口创汇蔬菜生产指南．中国农业出版社,1995 年 3 月

19　苏保乐等．创汇蔬菜出口指南．中国农业科技出版社,1990 年 10 月

20　宋元林等．出口创汇蔬菜高产栽培与加工大全．中国农业科技出版社,1995 年 5 月

21　吕佩珂等．中国蔬菜病虫原色图谱．农业出版社,1992 年 6 月

22　吕佩珂等．中国蔬菜病虫原色图谱续集．远方出版社,1996 年 9 月

23　王就光．蔬菜病虫防治及杂草防除．农业出版社,1990 年 8 月

24　朱国仁等．塑料棚、温室蔬菜病虫害防治．金盾出版社,1991 年 12 月

25　李淑琴等．温室蔬菜病虫害及生理障碍的防治．中国农业科技出版社,1992 年 8 月

26　中国农业科学院土壤肥料研究所·中国肥料·上海科学技术出版社,1994年11月

27 中国农业科学院土壤肥料研究所·化肥实用指南·农业出版社,1983年11月

28　张耀栋等·肥料施用知识·上海科学技术出版社,1983年3月

29　王晶·蔬菜中硝酸盐的危害和标准管理·中国蔬菜·2003年,第2期:1～3